Heinz Jung / Rolf Schmidt

Formelsammlung Mathematik 1

Mengenlehre, Arithmetik, Algebra

Regeln – Erläuterungen – Beispiele

Cornelsen

Die Deutsche Bibliothek – CIP-Einheitsaufnahme
Jung, Heinz:
Formelsammlung Mathematik / Heinz Jung. – Berlin : Cornelsen
(Fachwissen kompakt) 1. – 1. Aufl., 1. Dr. – 1998
ISBN 3-464-49756-9

1. Auflage ✓ Druck 6 5 4 3 Jahr 07 06 05 04

Druck: Lengericher Handelsdruckerei

ISBN 3-464-49756-9
Bestellnummer 497569

gedruckt auf säurefreiem Papier, umweltschonend hergestellt aus chlorfrei gebleichten Faserstoffen

Inhaltsverzeichnis

1. Griechisches Alphabet

Alpha	Beta	Gamma	Delta	Epsilon	Zeta	Eta	Theta	Jota	Kappa	Lambda
$A\ \alpha$	$B\ \beta$	$\Gamma\ \gamma$	$\Delta\ \delta$	$E\ \varepsilon$	$Z\ \zeta$	$H\ \eta$	$\Theta\ \vartheta$	$I\ \iota$	$K\ \varkappa$	$\Lambda\ \lambda$

My	Ny	Xi	Omikron	Pi	Rho	Sigma	Tau	Ypsilon	Phi	Chi	Psi	Omega
$M\ \mu$	$N\ \nu$	$\Xi\ \xi$	$O\ o$	$\Pi\ \pi$	$P\ \varrho$	$\Sigma\ \sigma$	$T\ \tau$	$\Upsilon\ \upsilon$	$\Phi\ \varphi$	$X\ \chi$	$\Psi\ \psi$	$\Omega\ \omega$

2. Einheiten

Eine Einheit ist eine aus der Menge gleichartiger Größen ausgewählte und festgelegte Bezugsgröße für die quantitative Darstellung einer physikalischen Größe. Die heute gültigen Basiseinheiten des SI-Systems sind:

Basisgröße	Formelzeichen (DIN 1304)	SI-Basiseinheit	SI-Einheitenzeichen
Länge	l	Meter	m
Masse	m	Kilogramm	kg
Zeit	t	Sekunde	s

Elektrische Stromstärke	I	Ampere	A
Temperatur (thermodynamische Temperatur)	T	Kelvin	K
Lichtstärke	I	Candela	cd
Stoffmenge	n	Mol	mol

Dezimale Vielfache und Teile von Einheiten

Basiseinheit multipliziert mit	Vorsatz	Vorsatzzeichen	Basiseinheit multipliziert mit	Vorsatz	Vorsatzzeichen
10^{12}	Tera	T	10^{-1}	Dezi	d
10^{9}	Giga	G	10^{-2}	Zenti	c
10^{6}	Mega	M	10^{-3}	Milli	m
10^{3}	Kilo	k	10^{-6}	Mikro	µ
10^{2}	Hekto	h	10^{-9}	Nano	n
10	Deka	da	10^{-12}	Piko	p

Beispiel: 1 kg = 1 Kilogramm = 10^3 Gramm

3. Mathematische Zeichen (Symbole) DIN 1302, 5473

Zeichen (Symbol)	Bedeutung	Beispiel, Erläuterung, Verwendung
$+$	plus, und	$3+4=7$
$-$	minus, weniger	$5-3=2$
$\cdot$ $\times$	multipliziert, mal	$2\cdot 6=12$; $2\times 6=12$
$/$ — :	dividiert, geteilt durch	$^{12}/_{3}=4$; $\frac{12}{3}=4$; $12:3=4$
$\sqrt[n]{\ }$	n-te Wurzel aus ($n=2$: Quadratwurzel aus)	$\sqrt[5]{243}=3$
$=$	ist gleich	$11=3+8$
$\neq$	ungleich, ist nicht gleich	$6\neq 4$
$\approx$	ungefähr, nahezu gleich, rund, etwa	$\frac{1}{3}\approx 0{,}33$
$\equiv$	identisch	$f(x)\equiv 1$, d.h. die Funktion f ist für jedes x gleich 1.
$<$	kleiner als	$5<8$
$>$	größer als	$6>2$
$\leq$	ist kleiner als oder gleich	$4\leq 5$; $4\leq 4$
$\geq$	ist größer als oder gleich	$5\geq 4$; $5\geq 5$

$\| \;\|$	absoluter Betrag von, Betrag	$\|-5\| = 5$
$\hat{=}$	entspricht	1 cm $\hat{=}$ 500 kg (z. B. in einer Zeichnung)
$\Rightarrow$	daraus folgt; aus … folgt …; folglich ist …	$A = \{1, 2, 3\} \Rightarrow 2 \in A$
$\Leftrightarrow$	… gilt genau dann, wenn …; … ist äquivalent mit …; … ist gleichwertig mit …	$3x = 6 \Leftrightarrow x = 2$
$\wedge$	und; sowohl als auch	$x \in \mathbb{N} \wedge x < 2 \Rightarrow x \in \{0, 1\}$
$\vee$	oder	$x^2 = 4 \Rightarrow x = 2 \vee x = -2$
$\boldsymbol{p}, \boldsymbol{q}$		Aussage $\boldsymbol{p}$: $2 + 3 = 5$; Aussage $\boldsymbol{q}$: $2 < 5$
$\boldsymbol{p}(\boldsymbol{x})$	p von x	Aussageform $\boldsymbol{p}(\boldsymbol{x})$: $2x + 4 = 10$
$\boldsymbol{q}(\boldsymbol{x}, \boldsymbol{y})$	q von x und y	Aussageform $\boldsymbol{q}(\boldsymbol{x}, \boldsymbol{y})$: $x^2 + 3y = 25$
$\boldsymbol{A}, \boldsymbol{B}, \boldsymbol{C}$	Namen (Symbole) für Mengen	
$\boldsymbol{L}$	Lösungsmenge	$x^2 = 2$ ► $\boldsymbol{L} = \{\sqrt{2}, -\sqrt{2}\}$
$\boldsymbol{M}$	Grundmenge	Grundmenge kann jede Menge sein.
$\boldsymbol{D}$	Definitionsmenge, Definitionsbereich	$\boldsymbol{D} = \{\dots\}$
$\boldsymbol{D}(\boldsymbol{G})$	D von G	Definitionsmenge einer Gleichung (Ungleichung)

Zeichen (Symbol)	Bedeutung	Beispiel, Erläuterung, Verwendung
T	Term	$T = 2ab$
{a, b, c}	Menge mit den Elementen a, b, c	$A = \{1, 2, 3\}$
$\{x \mid ....\}$	Menge aller x, für die gilt:	$\{x \mid x \in \mathbb{R} \wedge x^2 - 9 = 0\} = \{3, -3\}$
$\mathbb{N}$	Menge der natürlichen Zahlen	$\mathbb{N} = \{0, 1, 2, 3, \ldots\}$
$\mathbb{Q}$	Menge der rationalen Zahlen	$\mathbb{Q} = \left\{ \frac{a}{b} \middle\| a, b \in \mathbb{Z};\ b \neq 0 \right\}$
$\mathbb{R}$	Menge der reellen Zahlen	(siehe Kapitel 5)
$\mathbb{C}$	Menge der komplexen Zahlen	$\mathbb{C} = \{(a, b) \mid a \in \mathbb{R},\ b \in \mathbb{R}\}$
$\bar{A}$	Komplementmenge zu A bezüglich einer Grundmenge M	$\bar{A} = \{z \mid z \in M \wedge z \notin A\}$
$\emptyset$ oder { }	leere Menge	Die leere Menge hat kein Element.
T_a	Teilermenge von a	$T_{12} = \{1, 2, 3, 4, 6, 12\}$
V_a	Vielfachenmenge von a	$V_4 = \{4, 8, 12, 16, \ldots\}$
$\in$	ist Element von	$5 \in \mathbb{N}$
$\notin$	ist nicht Element von	$0{,}5 \notin \mathbb{Z}$

$\subset$	ist Teilmenge von	$\mathbb{N} \subset \mathbb{R}$
$\not\subset$	ist nicht Teilmenge von	$\mathbb{Z} \not\subset \mathbb{N}$
$\cup$	vereinigt mit, Vereinigung	$\mathbb{Z}^{\geq 0} \cup \mathbb{Z}^{<0} = \mathbb{Z}$
$\cap$	geschnitten mit, Durchschnitt	$\mathbb{Z}^{\leq 0} \cap \mathbb{Z}^{<0} = \{0\}$
$\setminus$	ohne	Differenzmenge: $\mathbb{Z} \setminus \mathbb{Z}^{>0} = \mathbb{Z}^{\leq 0}$
$[a, b]$	abgeschlossenes Intervall a, b	$[a, b] = \{x \mid a \leq x \leq b\}$
(a, b)	offenes Intervall a, b	$(a, b) = \{x \mid a < x < b\}$
$(a, b]$	halboffenes Intervall a, b	$(a, b] = \{x \mid a < x \leq b\}$
$[a, b)$	halboffenes Intervall a, b	$[a, b) = \{x \mid a \leq x < b\}$
(a, b) oder $(a \mid b)$ oder $\langle a, b\rangle$	geordnetes Zahlenpaar mit den Zahlen a und b	$(-5, 3)$ oder $(-5 \mid 3)$ oder $\langle -5, 3\rangle$
$P(x, y)$ oder $P(x \mid y)$ oder $P\langle x, y\rangle$	Punkt der reellen Zahlenebene mit den Koordinaten x und y	
$D(T)$	Definitionsmenge des Terms T	
$M_1 \times M_2$	Produktmenge der Mengen M_1 und M_2, cartesisches Produkt	$M_1 \times M_2 = \{(x, y) \mid x \in M_1 \wedge y \in M_2\}$

Zeichen (Symbol)	Bedeutung	Beispiel, Erläuterung, Verwendung
$\boldsymbol{R}$	Relation	Relation $\boldsymbol{R} = \{(x, y) \mid y^2 = 2x;\ x, y \in \mathbb{R}\}$
$\boldsymbol{f}$	Funktion	Funktion $\boldsymbol{f} = \{(x, y) \mid x \in D \wedge y \in W\}$
$\boldsymbol{D(f)}$	D von f	Definitionsbereich $D = \boldsymbol{D(f)}$
$\boldsymbol{W(f)}$	W von f	Wertebereich $W = \boldsymbol{W(f)}$
$\langle \mapsto \rangle$	wird abgebildet auf	Funktionsbildungsoperator: $f\colon x \mapsto 2x^2$ ist die Funktion, die jedes x auf das zugehörige $2x^2$ abbildet.
$\boldsymbol{y = f(x)}$	y gleich f von x	Funktionsgleichung $y = 2x^2$

4. Mengenlehre

Regel	Erläuterungen, Beispiele

Menge

Unter einer Menge versteht man die Zusammenfassung bestimmter, wohlunterschiedener Objekte unseres Denkens oder unserer Anschauung zu einem Ganzen. Die Objekte werden Elemente der Menge genannt.

Unter einer Menge versteht man eine *Zusammenfassung* zu einem *Ganzen.*

Zusammengefasst werden Objekte, die man Elemente der Menge nennt. Die Elemente müssen nicht aus gleichartigen Dingen bestehen. Man kann als Objekte z.B. auch die Elemente Buch, Stein, Mond zusammenfassen.

Es werden *bestimmte Objekte* zusammengefasst.

Bestimmt ist ein Element dann, wenn man eindeutig entscheiden kann, ob es zur Menge gehört oder nicht.

Die Objekte müssen *wohlunterschieden* sein.

Das ist immer dann der Fall, wenn alle Elemente untereinander verschieden sind. Gleiche Elemente werden in einer Menge nur einmal genannt.

Die Objekte entstammen unserer *Anschauung* oder unserem *Denken.*

Elemente unserer Anschauung: Wir können die Elemente sehen oder anderweitig wahrnehmen.

Elemente unseres Denkens: Zahlen, geometrische Begriffe, Ideen.

- Vater, Mutter und Kinder bilden die Menge aller Familienmitglieder.
- Die Schüler einer Klasse bilden die Menge aller Schüler der Klasse.

Regel	Erläuterungen, Beispiele
Leere Menge Eine Menge, die *kein Element* enthält, heißt *leere Menge.*	Symbol: $\emptyset$ oder $\{\,\}$ • $X = \emptyset$ oder $X = \{\,\}$
Darstellung von Mengen • *aufzählende Form* Alle Elemente einer (endlichen) Menge werden einzeln aufgezählt.	• $A = \{1, 2, 3, 4, 5\}$ oder $A = \{1, 2, \ldots, 5\}$ • $B = \{4, 5, 6, 7\}$ • $C = \{3, 8; \frac{17}{3}; \sqrt{3}\}$
• *beschreibende Form* Die *gemeinsamen Eigenschaften* der Elemente einer Menge werden beschrieben. $A = \{x \mid x$ hat die Eigenschaft $\ldots\}$	• $A = \{8, 9, 10, \ldots\}$ oder $A = \{x \mid x \in \mathbb{N} \wedge x > 7\}$ gelesen: A ist die Menge aller x, für die gilt: x ist eine natürliche Zahl und x ist größer als 7.

• *Mengendiagramm-Form* Zur graphischen Darstellung von Mengen verwendet man *Mengendiagramme*, auch *Venn-Diagramme* oder *Euler-Diagramme* genannt. Man umgibt die Elemente, die zur Menge gehören, mit einer geschlossenen Linie.	• Menge mit den Elementen 2, 3, 5, 9 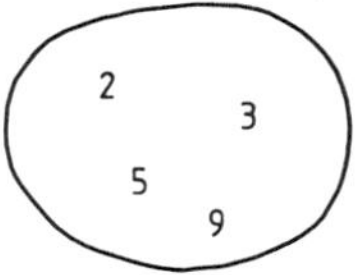
Will man zum Ausdruck bringen, dass *ein Element zur Menge gehört*, so verwendet man das Symbol $\in$.	gelesen: *„ist Element von"* oder *„gehört zur Menge"*. • $A = \{2, 5, 8, 9\}$; $2 \in A$ • $B = \{1, 4\}$; $4 \in B$
Will man zum Ausdruck bringen, dass ein Element *nicht zur Menge gehört*, so verwendet man das Symbol $\notin$.	$\notin$ gelesen: *„ist nicht Element von"* oder *„gehört nicht zur Menge"*. • $C = \{4, 8, 12, 34\}$; $5 \notin C$, $14 \notin C$

Regel	Erläuterungen, Beispiele
Gleichheit von Mengen Zwei Mengen sind genau dann *gleich*, wenn sie dieselben Elemente enthalten. Dabei ist die Reihenfolge der Elemente beliebig. Zwei Mengen A und B sind nur dann gleich, wenn A Teilmenge von B und B Teilmenge von A ist. $A = B \Leftrightarrow A \subset B$ und $B \subset A$	• $A = \{2, 3, 8\}$ $B = \{3, 2, 8\}$ $A = B$
Teilmenge Eine Menge A heißt genau dann eine *Teilmenge* einer Menge B, wenn jedes Element aus A auch in B enthalten ist, und wenn es in B mindestens ein Element gibt, das nicht in A enthalten ist. 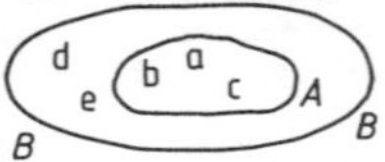 $A \subset B$	$\underbrace{A \text{ ist Teilmenge von } B}$ $A \subset B$ • $A = \{a, b, c\}$ ▼ ▼ ▼ $B = \{a, b, c, d, e\}$ $A \subset B$

Jede Menge ist Teilmenge von sich selbst.

$$A \subset A$$

Die *leere Menge* ist *Teilmenge* jeder Menge.

● $\{a, b, c\} \subset \{a, b, c\}$

$\emptyset \subset A; \quad \emptyset \subset \emptyset$

Komplementmenge

Wenn $A \subset M$ ist, dann heißt die Menge aller Elemente von M, die nicht in A enthalten sind, *Komplementmenge* oder *Ergänzungsmenge* zu A.

$\boxed{\bar{A} = \{x \mid x \in M \text{ und } x \notin A\}}$ $\quad A \subset M$

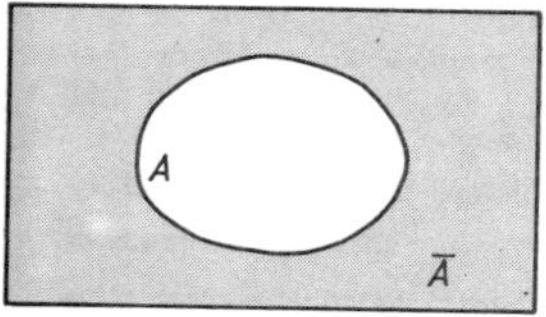

Symbol: $\bar{A}$

$\bar{A}$: Komplementmenge zu A

● $M = \{a, b, c, d, e\}$
$A = \{a, b\}$
$\bar{A} = \{c, d, e\}$ Komplementmenge

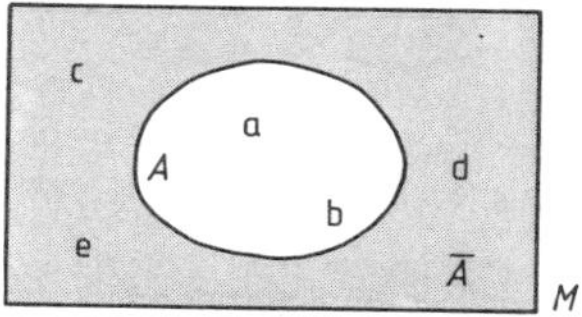

Regel	Erläuterungen, Beispiele
Vereinigung von Mengen *Vereinigungsmenge* zweier Mengen A und B. Die *Vereinigungsmenge* $A \cup B$ zweier Mengen A und B enthält genau die Elemente, die *entweder* in der Menge A *oder* in der Menge B *oder* in *beiden* Mengen enthalten sind. Geschrieben: $A \cup B$ Gelesen: Vereinigung von A und B oder *A vereinigt mit B*. $A \cup B = \{x \mid x \in A \text{ oder } x \in B\}$ 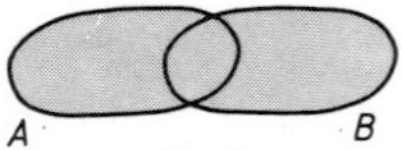 $A \cup B$ *vereinigt mit*	• $A = \{1, 2, 3, 4\}$ $B = \{2, 4, 5, 6, 7\}$ $A \cup B = \{1, 2, 3, 4, 5, 6, 7\}$ 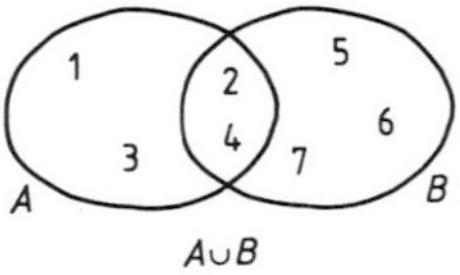

Durchschnitt von Mengen

Durchschnitt zweier Mengen A und B.

Der *Durchschnitt* $A \cap B$ zweier Mengen A und B enthält genau die Elemente, die *sowohl* in A *als auch* in B enthalten sind.

Geschrieben: $D = A \cap B$

Gelesen: D ist Durchschnitt von A und B oder D ist A *geschnitten mit* B.

$$A \cap B = \{x \mid x \in A \text{ und } x \in B\}$$

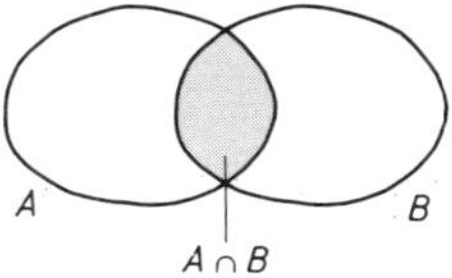

- $A = \{1, 2, 3, 4\}$
  $B = \{2, 3, 5, 7\}$
  $D = \{2, 3\}$

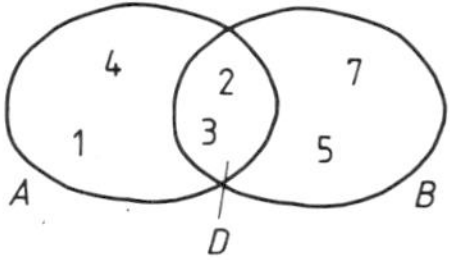

$D = A \cap B = \{2, 3\}$

geschnitten mit

Regel	Erläuterungen, Beispiele
Differenzmenge, Restmenge *Differenzmenge* zweier Mengen A und B. Die *Differenzmenge* $A \setminus B$ zweier Mengen A und B enthält alle Elemente der Menge A, die nicht in B enthalten sind. Geschrieben: $A \setminus B$ Gelesen: *A ohne B* $A \setminus B = \{x \mid x \in A \text{ und } x \notin B\}$ 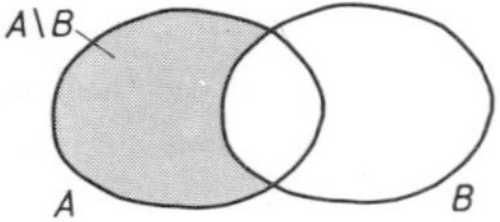 	• $A = \{1, 3, 5, 7, 9, 11\}$ $B = \{2, 3, 7, 10\}$ $A \setminus B = \{1, 5, 9, 11\}$ 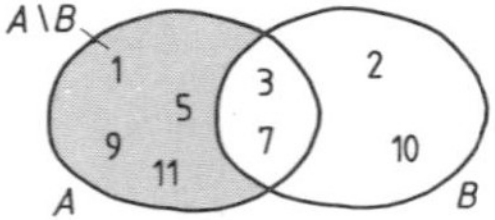 $A \setminus B = \{1, 5, 9, 11\}$ *ohne*

Geordnete Paare Paare von Objekten, bei denen die Reihenfolge der Elemente entscheidend ist, heißen *geordnete Paare*. Sie bestehen aus einer ersten und einer zweiten Komponente, getrennt durch ein Komma oder Semikolon oder einen senkrechten Strich.	Geordnete Paare: $(a;\, b)$ $(x \mid y)$ $\langle u, v\rangle$ $(3{,}5;\, 4)$ $(3 \mid 8)$ $\langle \frac{1}{3};\, 1{,}2\rangle$ Komponenten
Zwei *geordnete Paare* sind *gleich*, wenn sie sowohl in der ersten als auch in der zweiten Komponente übereinstimmen. $(x, y) = (a, b) \Leftrightarrow (x = a$ und $y = b)$	• $(2,5) = (2,5)$ • $(3,8) \neq (8,3)$
Produktmenge, cartesisches Produkt *Produktmenge* der Mengen A und B Die *Produktmenge* der Mengen A und B enthält als Elemente genau die geordneten Paare (x, y), bei denen die erste Komponente Element aus der Menge A und die zweite Komponente Element aus der Menge B ist. Produktmenge $A \times B$; gelesen: A kreuz B $A \times B = \{(x, y) \mid x \in A$ und $y \in B$	• $A = \{1,2\}, \quad B = \{3,4,5\}$ $A \times B = \{(1,3), (1,4), (1,5), (2,3), (2,4), (2,5)\}$ • $A = \{1,2\}, \quad B = \{3,4\}$ $A \times B = \{(1,3), (1,4), (2,3), (2,4)\}$ $B \times A = \{(3,1), (3,2), (4,1), (4,2)\}$ $A \times B \neq B \times A$

Regel	Erläuterungen, Beispiele
Gesetze der Mengenalgebra Kommutativgesetze: $A \cup B = B \cup A$ $A \cap B = B \cap A$	• $A = \{3, 8, 9, 12\}$, $B = \{3, 6, 9, 12, 15\}$ $A \cup B = B \cup A = \{3, 6, 8, 9, 12, 15\}$ $A \cap B = B \cap A = \{3, 9\}$
Assoziativgesetze: $(A \cup B) \cup C = A \cup (B \cup C)$ $(A \cap B) \cap C = A \cap (B \cap C)$	• $A = \{2, 3, 5, 8\}$, $B = \{3, 4, 5, 8\}$, $C = \{3, 5, 6\}$ $(A \cup B) \cup C = A \cup (B \cup C) = \{2, 3, 4, 5, 6, 8\}$ $(A \cap B) \cap C = A \cap (B \cap C) = \{3, 5\}$
Distributivgesetze: $A \cap (B \cup C) = (A \cap B) \cup (A \cap C)$ $A \cup (B \cap C) = (A \cup B) \cap (A \cup C)$	• $A = \{2, 3, 5, 8\}$, $B = \{3, 4, 5, 8\}$, $C = \{3, 5, 6\}$ $A \cap (B \cup C) = (A \cap B) \cup (A \cap C) = \{3, 5, 8\}$ $A \cup (B \cap C) = (A \cup B) \cap (A \cup C) = \{2, 3, 5, 8\}$

5. Zahlenmengen, Betrag, Intervalle

Regel		Erläuterungen, Beispiele
Zahlenmengen		
$\mathbb{N}$	Menge der natürlichen Zahlen	$\mathbb{N} = \{0, 1, 2, 3, \ldots\}$
$\mathbb{N}^{>0}$; $\mathbb{N}^*$	Menge der natürlichen Zahlen ohne die Zahl Null	$\mathbb{N}^{>0} = \{1, 2, 3, \ldots\}$
$\mathbb{Z}$	Menge der ganzen Zahlen; $\mathbb{N} \subset \mathbb{Z}$	$\mathbb{Z} = \{\ldots, -2, -1, 0, 1, 2, \ldots\}$
$\mathbb{Z}^{\geq 0}$; $\mathbb{Z}_+$	Menge der positiven ganzen Zahlen	$\mathbb{Z}^{\geq 0} = \{0, 1, 2, 3, \ldots\} = \mathbb{N}$
$\mathbb{Z}^{>0}$; $\mathbb{Z}_+^*$	Menge der positiven ganzen Zahlen ohne die Zahl Null	$\mathbb{Z}^{>0} = \{1, 2, 3, \ldots\} = \mathbb{N}^{>0}$
$\mathbb{Z}^{\leq 0}$; $\mathbb{Z}_-$	Menge der negativen ganzen Zahlen	$\mathbb{Z}^{\leq 0} = \{0, -1, -2, -3, \ldots\}$
$\mathbb{Z}^{<0}$; $\mathbb{Z}_-^*$	Menge der negativen ganzen Zahlen ohne die Zahl Null	$\mathbb{Z}^{<0} = \{-1, -2, -3, \ldots\}$
G	Menge der geraden Zahlen	$G = \{\ldots, -8, -6, -4, -2, 2, 4, 6, 8, \ldots\}$
$G^{>0}$; G_+	Menge der positiven geraden Zahlen	$G^{>0} = \{2, 4, 6, \ldots\}$
$G^{<0}$; G_-	Menge der negativen geraden Zahlen	$G^{<0} = \{-2, -4, -6, \ldots\}$

Regel		Erläuterungen, Beispiele
U $U^{>0}; U_+$ $U^{<0}; U_-$	Menge der ungeraden Zahlen Menge der positiven ungeraden Zahlen Menge der negativen ungeraden Zahlen	$U = \{\ldots, -3, -1, 1, 3, \ldots\}$ $U^{>0} = \{1, 3, 5, \ldots\}$ $U^{<0} = \{-1, -3, -5, \ldots\}$
P	Menge der Primzahlen Eine Primzahl ist nur durch 1 und durch sich selbst teilbar.	$P = \{2, 3, 5, 7, \ldots\}$
$\mathbb{Q}$ $\mathbb{Q}^{>0}; \mathbb{Q}_+^*$ $\mathbb{Q}^{<0}; \mathbb{Q}_-^*$	Menge der rationalen Zahlen $\mathbb{Q} = \left\{x \middle\vert x = \frac{p}{q}; p, q \in \mathbb{Z} \text{ und } q \neq 0\right\}$ Menge der positiven rationalen Zahlen $\mathbb{Q}^{>0} = \{x \mid x > 0 \text{ und } x \in \mathbb{Q}\}$ Menge der negativen rationalen Zahlen $\mathbb{Q}^{<0} = \{x \mid x < 0 \text{ und } x \in \mathbb{Q}\}; \mathbb{Z} \subset \mathbb{Q}$	Zu den rationalen Zahlen gehören alle Brüche und alle ganzen Zahlen sowie alle endlichen und alle unendlich-periodischen Dezimalbrüche. Jede ganze Zahl und jeder endliche Dezimalbruch lässt sich als Bruch darstellen. • $2 = \frac{2}{1}; \quad -6 = \frac{-6}{1}$ • $0{,}345 = \frac{345}{1000}$
$\mathbb{R}$ $\mathbb{R}^{>0}; \mathbb{R}_+^*$	Menge der reellen Zahlen Menge der positiven reellen Zahlen $\mathbb{R}^{>0} = \{x \mid x > 0 \text{ und } x \in \mathbb{R}\}$	Neben den rationalen Zahlen enthält die Menge der reellen Zahlen noch die irrationalen Zahlen.

$\mathbb{R}^{\leq 0}$; $\mathbb{R}_-$ Menge der negativen reellen Zahlen

$\mathbb{R}^{\leq 0} = \{x \mid x \leq 0 \text{ und } x \in \mathbb{R}\}$

$\mathbb{Q} \subset \mathbb{R}$

Irrationale Zahlen sind unendliche nichtperiodische Dezimalbrüche.

- e, π, $\sqrt{2}$, $\sqrt{3}$

$\mathbb{C}$ Menge der komplexen Zahlen

Zahlen der Form $z = a + b\mathrm{i}$; $a, b \in \mathbb{R}$ und $\mathrm{i}^2 = -1$ heißen komplexe Zahlen.

$$\boxed{\mathrm{i}^2 = -1 \Leftrightarrow \mathrm{i} = \sqrt{-1}}$$

$\mathbb{R} \subset \mathbb{C}$

$\mathbb{N} \subset \mathbb{Z} \subset \mathbb{Q} \subset \mathbb{R} \subset \mathbb{C}$

a heißt Realteil der komplexen Zahl.

b heißt Imaginärteil der komplexen Zahl.

- $z = 4 + 3\mathrm{i}$

  4 Realteil

  3 Imaginärteil

Darstellung von Zahlen auf der Zahlengeraden

Zahlen lassen sich graphisch als Punkte auf der Zahlengeraden darstellen. Dabei wird *jeder Zahl genau ein Punkt* der Zahlengeraden *zugeordnet*.

Die reellen Zahlen füllen die Zahlengerade *lückenlos* aus.

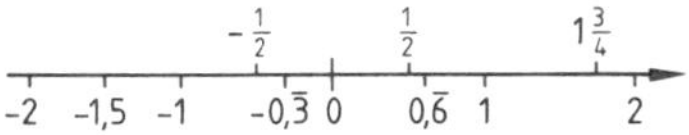

Zahlengerade mit Elementen aus $\mathbb{Q}$

Regel	Erläuterungen, Beispiele
Betrag von Zahlen	Symbol: $\|a\|$; gelesen: „*a* absolut", „Betrag von *a*"

Zwei Gegenzahlen haben den gleichen *absoluten Betrag* (kurz: Betrag).

Der *Betrag* einer Zahl wird nur durch die Ziffern gekennzeichnet, ohne dass die Vorzeichen beachtet werden.

$\|a\| = a$, wenn $a > 0$ $\|a\| = 0$, wenn $a = 0$ $\|a\| = -a$, wenn $a < 0$	• $a > 0$ ▶ $\|4\| = 4$ • $a = 0$ ▶ $\|0\| = 0$ • $a < 0$ ▶ $\|-4\| = -(-4) = 4$
$\|a\| = \|-a\|$; $a > 0$ $-a < \|a\|$	• $\|4\| = \|-4\| = 4$ $-4 < \|4\|$; $-4 < 4$
	• $\|a+3\| = a+3$, wenn $(a+3) > 0$ • $\|a+3\| = -(a+3)$, wenn $(a+3) < 0$ • $\|-2a\| = 2a$, wenn $a > 0$ • $\|-2a\| = -2a$, wenn $a < 0$

Intervalle

Die Menge aller Zahlen, die zwischen zwei Zahlen liegen, bildet ein Intervall. Die beiden Zahlen selbst sind die Grenzelemente des Intervalls.

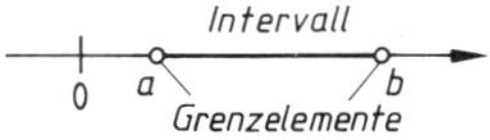

- *Offenes Intervall*

  Eine Zahlenmenge, deren Grenzelemente nicht zum Intervall gehören, heißt *offenes Intervall.*

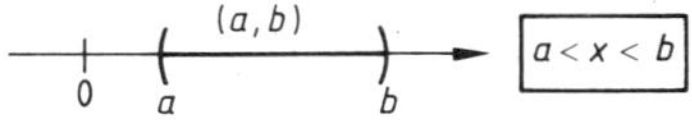

$(a, b) = \{ x \in \mathbb{Q} \mid a < x < b \}$

- *Abgeschlossenes Intervall*

  Gehören beide Grenzelemente zum Intervall, so heißt das Intervall *abgeschlossenes Intervall.*

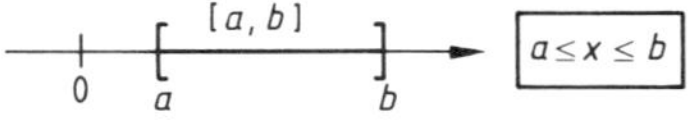

$[a, b] = \{ x \in \mathbb{Q} \mid a \leq x \leq b \}$

- *Links offenes, rechts abgeschlossenes Intervall*

  Gehört nur das rechte Grenzelement zum Intervall, so heißt das Intervall *links offenes Intervall.*

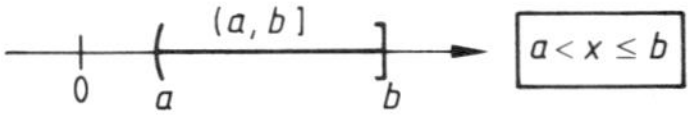

$(a, b] = \{ x \in \mathbb{Q} \mid a < x \leq b \}$

6. Addition und Subtraktion

Regel	Erläuterungen, Beispiele
Addition $\overbrace{a + b}^{\text{Summe}} = c$; a, b: *Summanden*	• $\frac{1}{2} + 0{,}7 + 10 = 11{,}2$ $\frac{1}{2}$, $0{,}7$, 10: Summanden
Rechengesetze der Addition In einer Summe dürfen die Summanden vertauscht werden. $a + b = b + a$ *Kommutativgesetz*	• $\underbrace{4+5}_{9} = \underbrace{5+4}_{9}$
In einer Summe dürfen die Summanden beliebig zu Teilsummen zusammengefaßt werden. $(a + b) + c = a + (b + c)$ *Assoziativgesetz*	• $\underbrace{(2+4)+5}_{11} = \underbrace{6+5}_{11}$ $\underbrace{2+(4+5)}_{11} = \underbrace{2+9}_{11}$

Addiert man die Zahl Null, so ändert sich die Zahl nicht. Die Zahl 0 ist das *neutrale Element* bezüglich der Addition.

$$a + 0 = a$$

- $5 + 0 = 5$

Term

Zahlen und (oder) Variablen und (oder) sinnvolle Verbindungen von beiden mit Hilfe von Rechenzeichen heißen *Terme*. Verknüpfungen mehrerer Terme heißen dann immer noch Terme.

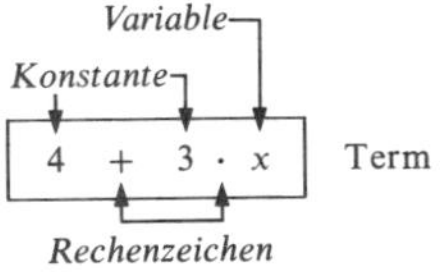

- $y, \quad 3a, \quad 17x$
- $3x + 2b$
- $7a + 9b - 13c$
- $4a - (2a + 3c)$
- $\dfrac{5x - 3}{x - y}$

} Terme

Regel	Erläuterungen, Beispiele

Termumformung

Bei *Termumformungen* kann man nur *gleichartige* Terme (Summanden) zusammenfassen. Terme heißen gleichartig, wenn sie dieselben Variablen enthalten, z.B. $4ab$ und $5ab$.

gleichartige Terme

$$\underbrace{3a + 2a}_{5a} + \underbrace{5b - 2b}_{3b}$$

$$5a \quad + \quad 3b$$

ungleichartige Terme

- $3a, \quad 7a, \quad -10a$
- $3x - x + 7x, \quad 4x - 3x$

} gleichartige Terme

- $3a, \quad 4c, \quad 7u$
- $3a + c, \quad 4x - 7y$

} ungleichartige Terme

Addition von Termen

Gleichartige Terme (Summanden) werden *addiert*, indem man die Koeffizienten (Beizahlen) addiert.

$3x + 12x + 7z + 2z =$

▲ ▲ ▲ ▲

Koeffizienten oder Beizahlen

- $\underbrace{2a + 3a}_{5a} + \underbrace{5b + 4b}_{9b} = 5a + 9b$
- $4a + 2a = (4 + 2) \cdot a = 6a$
- $3ax + 5ax + 2{,}5ax = 10{,}5ax$

Vor dem Addieren soll man die Glieder der Summe nach gleichartigen Termen (Summanden) alphabetisch *ordnen.*

- $$\begin{aligned} & 5a + 6x + 4a + 3b + 5x \\ = & \underbrace{5a + 4a} + 3b + \underbrace{6x + 5x} \\ = & \quad 9a \quad + 3b + \quad 11x \end{aligned}$$

Subtraktion

Minuend *Subtrahend*

$$8 - 2 = 6$$

Differenz

- $\underbrace{8a - 2a}_{6a} - 3b = 6a - 3b$

Man kann nur *gleichartige Terme subtrahieren.* Gleichartige Terme werden subtrahiert, indem man die Koeffizienten (Beizahlen) subtrahiert.

- $8{,}5\,b - 3{,}2\,b = (8{,}5 - 3{,}2) \cdot b = 5{,}3\,b$
- $3{,}2\,ax - 5{,}6\,ax = -2{,}4\,ax$
- $1\frac{3}{4}m - 2\frac{2}{5}m = 1\frac{15}{20}\,m - 2\frac{8}{20}m$ $= -\frac{13}{20}m$

Regel	Erläuterungen, Beispiele
Addition und Subtraktion von Termen Werden *mehrere* Terme addiert oder subtrahiert, so spricht man von einer *algebraischen Summe.* $\boxed{3x - 4y + 4x}$ Term algebraische Summe	$\left.\begin{array}{l}\bullet\ 3x-4y+9a\\ \bullet\ 7a+\frac{1}{3}v-7v\end{array}\right\}$ algebraische Summen
Besteht eine algebraische Summe nicht nur aus gleichartigen Termen (Summanden), so muss man sie vorher nach gleichartigen Termen ordnen. Die gleichartigen Terme ordnet man anschließend nach Termen mit gleichen Rechenzeichen. Dann werden Terme mit gleichen Rechenzeichen zusammengefasst. Anschließend werden die Differenzen ausgerechnet.	• $24x+15a-4x-4a-2x-9a+12x+6a$ $=\underbrace{24x-4x-2x+12x}+\underbrace{15a-4a-9a+6a}$ $=\underbrace{24x+12x}_{+36x}\underbrace{-4x-2x}_{-6x}+\underbrace{15a+6a}_{+21a}\underbrace{-4a-9a}_{-13a}$ $=\underbrace{36x-6x}_{+30x}+\underbrace{21a-13a}_{+8a}=30x+8a$

Addition und Subtraktion von Zahlen mit Vorzeichen

Werden Zahlen mit Vorzeichen addiert oder subtrahiert, so muss man zwischen *Vorzeichen* und *Rechenzeichen* unterscheiden.

Sind Vorzeichen und Rechenzeichen *gleich*, so wird der absolute Betrag der Zahl addiert und das gemeinsame Zeichen vor die Summe gesetzt.

Sind Vorzeichen und Rechenzeichen *ungleich*, so werden ihre absoluten Beträge subtrahiert, und das Vorzeichen der Zahl mit dem größeren absoluten Betrag wird vor die Differenz gesetzt.

$a + (+b) = a + b$	$a - (-b) = a + b$
$a + (-b) = a - b$	$a - (+b) = a - b$

$a, b > 0$

(-4); $(+5)$; $(-2a)$; $(+7x)$

Vorzeichen der Zahl

Rechenzeichen

$(+6) + (-2) - (+2) = 6 + (-2) - 2$

Vorzeichen der Zahl

- $6a + (+2a) = 6a + 2a = 8a$
- $6a - (-2a) = 6a + 2a = 8a$

- $6a + (-2a) = 6a - 2a = 4a$
- $6a - (+2a) = 6a - 2a = 4a$

Regel	Erläuterungen, Beispiele
Addition und Subtraktion von Termen in Klammern	
Beim Auflösen einer Klammer, vor der ein *Pluszeichen* steht, verändern sich die Rechenzeichen ihrer Glieder *nicht*. $c+(a+b)=c+a+b$ $c+(a-b)=c+a-b$	• $7c+(3c-x)=7c+3c-x$ $=10c-x$ • $\frac{x}{2}+(-4x+a)=\frac{x}{2}-4x+a$ $=-3{,}5x+a$
Beim Auflösen einer Klammer, vor der ein Minuszeichen steht, erhalten ihre Glieder entgegengesetzte Rechenzeichen. $c-(a+b)=c-a-b$ $c-(a-b)=c-a+b$	• $(3a-4b)-(-5a+7b)$ $=3a-4b+5a-7b$ $=3a+5a-4b-7b$ $=8a-11b$ • $(-7x)-(x+3a)-(-2a)$ $=-7x-x-3a+2a$ $=-8x-a$

Sind in einer algebraischen Summe *Terme in Klammern* von anderen Klammern umschlossen, so löst man unter Beachtung der Rechenregeln zunächst die *inneren Klammern* auf und dann nacheinander die *äußeren Klammern.*

$$\begin{aligned} & a-\{b+[c-(d+e)]\} \\ = & a-\{b+[c-d-e]\} \\ = & a-\{b+c-d-e\} \\ = & a-b-c+d+e \end{aligned}$$

- $$\begin{aligned} & 15a-\{6a-(3b+5c-2a)+ \\ & +[3c-(5a+7b)]\} \\ = & 15a-\{6a-3b-5c+2a+ \\ & +[3c-5a-7b]\} \\ = & 15a-\{6a-3b-5c+2a+ \\ & +3c-5a-7b\} \\ = & 15a-6a+3b+5c-2a-3c+ \\ & +5a+7b \\ = & 15a-6a-2a+5a+3b+7b+ \\ & +5c-3c \\ = & 12a+10b+2c \end{aligned}$$

7. Multiplikation

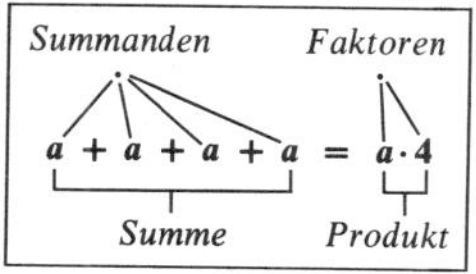

Das *Multiplikationszeichen* zwischen den Faktoren kann man da, wo keine Missverständnisse auftreten können, *weglassen.*

- $a \cdot b = ab$
- $12 \cdot a \cdot b = 12ab$

Regel	Erläuterungen, Beispiele
Rechengesetze der Multiplikation In einem *Produkt* dürfen die *Faktoren vertauscht* werden. $a \cdot b = b \cdot a$ *Kommutativgesetz*	Ein Produkt besteht aus Faktoren, und die Faktoren kann man vertauschen, das heißt, man ordnet das Produkt. Zahlen setzt man an den Anfang, dahinter in alphabetischer Reihenfolge die Variablen.
In einem *Produkt* dürfen die *Faktoren* beliebig zu *Teilprodukten zusammengefasst* werden. $(a \cdot b) \cdot c = a \cdot (b \cdot c)$ *Assoziativgesetz*	• $4a \cdot 5b = 4 \cdot a \cdot 5 \cdot b$ $= 4 \cdot 5 \cdot a \cdot b$ $= 20 \cdot a \cdot b$ $= 20ab$
Ist in einem *Produkt* mindestens *ein Faktor Null*, so ist das gesamte Produkt gleich Null. $a \cdot b \cdot c \cdot 0 = 0$	• $3x \cdot (4a + 2a - 6a) = 3x \cdot (6a - 6a)$ $= 3x \cdot 0$ $= 0$
Kommen in einer Aufgabe Summanden *und* Faktoren vor, so gilt „*Punktrechnen* (Multiplizieren) *geht vor Strichrechnen* (Addieren und Subtrahieren)". Das Ergebnis sind gegebenenfalls Summanden, die zusammengefasst werden können.	• $4\frac{1}{2}ab \cdot 8x - 2\frac{1}{2}ax \cdot 9b + 5bx \cdot 2a$ $= 4{,}5 \cdot 8 \cdot abx - 2{,}5 \cdot 9 \cdot abx + 5 \cdot 2 \cdot abx$ $= 36abx - 22{,}5abx + 10abx$ $= 23{,}5abx$

Vorzeichenregeln

Das Produkt zweier Zahlen mit *gleichen Vorzeichen* ist *positiv.*

$$(+a)\cdot(+b) = +(ab)$$
$$(-a)\cdot(-b) = +(ab)$$

• $(-4ab)\cdot(-2cx) = 4\cdot 2\cdot abcx = 8abcx$

Das Produkt zweier Zahlen mit *verschiedenen Vorzeichen* ist *negativ.*

$$(-a)\cdot(+b) = -(ab)$$
$$(+a)\cdot(-b) = -(ab)$$

Besteht ein Produkt aus *mehr* als zwei Faktoren, so wird zunächst das Vorzeichen des Produktes bestimmt, indem man in der Reihenfolge der Glieder vorgeht.

• $(-3a)\cdot(-5b)\cdot(-2c) = -(3\cdot 5\cdot 2\cdot abc) = -30abc$

(erste zwei Vorzeichen: +; mit dem dritten: −)

Regel	Erläuterungen, Beispiele
Multiplikation von Summen – Multiplikation von Klammern	
Man multipliziert eine Zahl mit einer algebraischen Summe (Klammer), indem man jeden Summanden der algebraischen Summe (Klammer) unter Beachtung der Vorzeichenregeln mit der Zahl multipliziert (Distributivgesetz). $a\cdot(b+c-d)=ab+ac-ad$	• $4x\cdot(3a+6b)=4x\cdot 3a+4x\cdot 6b$ $=12ax+24bx$ • $(-a)\cdot(3b+2c)=(-a)\cdot 3b+(-a)\cdot 2c$ $=-3ab+(-2ac)$ $=-3ab-2ac$
Zwei algebraische Summen (Klammern) werden miteinander multipliziert, indem man unter Beachtung der Vorzeichenregeln *jeden Summanden der einen Summe* (Klammer) mit *jedem Summanden der anderen Summe* (Klammer) *multipliziert* und die erhaltenen Produkte addiert. • $(a+b)\cdot(c+d)=ac+ad+bc+bd$ • $(a-b)\cdot(c+d)=ac+ad-bc-bd$ • $(a+b)\cdot(c-d)=ac-ad+bc-bd$ • $(a-b)\cdot(c-d)=ac-ad-bc+bd$	• 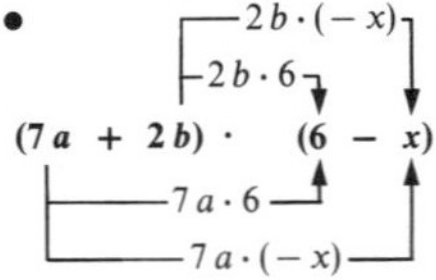 $(7a+2b)\cdot(6-x)=7a\cdot 6-7a\cdot x+2b\cdot 6-2b\cdot x$ $=42a-7ax+12b-2bx$

Besteht ein Produkt aus *drei* oder *mehr Faktoren*, so werden in einem ersten Schritt *zwei Faktoren* miteinander *multipliziert*.

In den nächsten Schritten wird dann das *Ergebnis* mit einem *weiteren Faktor multipliziert* usw.

1. Schritt:

$2b \cdot 5d$, $2b \cdot 3c$, $4a \cdot 3c$, $4a \cdot 5d$

$$(4a + 2b) \cdot (3c + 5d) \cdot (4n - x) = (12ac + 20ad + 6bc + 10bd) \cdot (4n - x)$$

2. Schritt:

$(-x) \cdot 10bd$, $(-x) \cdot 6bc$, $(-x) \cdot 20ad$, $(-x) \cdot 12ac$

$$= (4n - x) \cdot (12ac + 20ad + 6bc + 10bd)$$

$4n \cdot 12ac$, $4n \cdot 20ad$, $4n \cdot 6bc$, $4n \cdot 10bd$

$$= 48acn + 80adn + 24bcn + 40bdn - 12acx - 20adx - 6bcx - 10bdx$$

Regel	Erläuterungen, Beispiele
Ausklammern (Faktorisieren) Haben mehrere Glieder einer Summe einen *gemeinsamen Faktor*, so kann man diesen gemeinsamen Faktor *ausklammern.* Die Summe wird dadurch in ein *Produkt* umgewandelt. $an + bn - cn = n \cdot (a + b - c)$	Alle Summanden haben den Faktor m gemeinsam, den man ausklammern kann. ● $am + bm - cm + xm$ $= m \cdot (a + b - c + x)$
Klammert man einen *negativen Faktor* aus, so müssen die *Vorzeichen* der Glieder *in der Klammer umgekehrt* werden.	● $-2a - 3ab + 4ac = (-a) \cdot (2 + 3b - 4c)$ Die Probe zeigt, ob man richtig ausgeklammert hat. $(-a) \cdot (2 + 3b - 4c) = -2a - 3ab + 4ac$
Die auszuklammernden Faktoren können auch Summen oder Differenzen sein. Jeden Ausdruck, z.B. $x + y$, kann man immer auf die Form $(x + y) \cdot 1$ bringen.	In der folgenden Aufgabe wird der gemeinsame Faktor $(x + y)$ ausgeklammert. ● $(4a - 2b) \cdot (x + y) - (3a + 4b) \cdot (x + y)$ $= (x + y) \cdot [(4a - 2b) - (3a + 4b)]$ $= (x + y) \cdot [4a - 2b - 3a - 4b]$ $= (x + y) \cdot (a - 6b)$

8. Division – Bruchrechnung

Regel	Erläuterungen, Beispiele
Dividend ▶ a, *Divisor* ▶ b: $\frac{a}{b} = a : b = c \qquad b \neq 0$ — *Quotient* (*Bruch*)	Das Dividieren ist die Umkehrung des Multiplizierens.
Sonderfälle der Division Ein Bruch mit dem Zähler 0 ist gleich 0. *Umkehrung*: Ist ein Bruch gleich 0, so ist sein Zähler 0. $\frac{0}{a} = 0$ *denn* $0 \cdot a = 0$, $a \neq 0$	• $\frac{3a + 4a - 7a}{34} = \frac{0}{34} = 0$

Dividieren	Multiplizieren
$6 : 2 = 3$	$3 \cdot 2 = 6$

Regel	Erläuterungen, Beispiele
$\frac{a}{1} = a$ $\frac{a}{a} = 1$	• $\frac{ax - 27x}{x} = \frac{x \cdot (a - 27)}{x} = a - 27$ • $\frac{a \cdot (ax + x^2)}{x \cdot (a^2 + ax)} = \frac{a^2 x + ax^2}{a^2 x + ax^2} = 1$
Die Division durch 0 ist nicht möglich. $\frac{a}{0}$ ist nicht erlaubt	• $\frac{3a + 7x}{x \cdot (a + b) - ax - bx}$ $= \frac{3a + 7x}{x \cdot (a + b) - x \cdot (a + b)}$ $= \frac{3a + 7x}{0}$ *nicht erlaubt*
Vorzeichenregeln Der Quotient zweier Zahlen mit *gleichen Vorzeichen* ist *positiv.*	• $\frac{-8}{-4} = 2$ denn $2 \cdot (-4) = -8$

$$\frac{+a}{+b} = +\frac{a}{b} = \frac{a}{b} \qquad b \neq 0$$
$$\frac{-a}{-b} = +\frac{a}{b} = \frac{a}{b}$$

- $\dfrac{(a-b)}{-(b+a)} = \dfrac{-(b-a)}{-(b+a)} = \dfrac{b-a}{b+a}$

Der Quotient zweier Zahlen mit *ungleichen Vorzeichen* ist *negativ.*

$$\frac{+a}{-b} = -\frac{a}{b} \qquad b \neq 0$$
$$\frac{-a}{+b} = -\frac{a}{b}$$

- $\dfrac{8}{-4} = -2$ denn $(-2)\cdot(-4) = 8$
- $\dfrac{-8}{4} = -2$ denn $(-2)\cdot 4 = -8$

Die Vorzeichen von Zähler und Nenner können vertauscht werden.

Ein Vorzeichen vor dem Bruchstrich kann in den Zähler oder in den Nenner gebracht werden.

$$\frac{-a}{b} = \frac{a}{-b} = -\frac{a}{b}$$

- $(-56ax):(8by) = \dfrac{-56ax}{8by} = -\dfrac{7ax}{by}$
- $-\dfrac{-48ab}{3c} = \dfrac{-(-48ab)}{3c} = \dfrac{48ab}{3c} = \dfrac{16ab}{c}$

Regel	Erläuterungen, Beispiele
Erweitern von Brüchen Ein Bruch wird *erweitert*, indem man *Zähler* und *Nenner* mit *derselben Zahl* ($\neq 0$) *multipliziert*. Der Wert eines Bruches ändert sich durch das Erweitern nicht.	• $\frac{3}{5}$ erweitert mit 2 ► $\frac{3 \cdot 2}{5 \cdot 2} = \frac{6}{10}$ • $\frac{a}{b}$ erweitert mit x ► $\frac{a \cdot x}{b \cdot x} = \frac{ax}{bx}$
Kürzen von Brüchen Ein Bruch wird *gekürzt*, indem man *Zähler* und *Nenner* durch *dieselbe Zahl* ($\neq 0$) *dividiert*. Der Wert eines Bruches ändert sich durch das Kürzen nicht.	• $\frac{25}{10} = \frac{5 \cdot \cancel{5}}{2 \cdot \cancel{5}} = \frac{5}{2}$ • $\frac{30ax}{150abx} = \frac{\cancel{30} \cdot \cancel{a} \cdot \cancel{x}}{5 \cdot \cancel{30} \cdot \cancel{a} \cdot b \cdot \cancel{x}}$ $= \frac{1 \cdot 1 \cdot 1}{5 \cdot 1 \cdot 1 \cdot b \cdot 1} = \frac{1}{5b}$
Sind Zähler und Nenner *Summen*, so muss man, wenn möglich, *gemeinsame Faktoren ausklammern*. Anschließend können gleiche Faktoren gekürzt werden.	• $\frac{ab + ac}{a} = \frac{\cancel{a} \cdot (b + c)}{\cancel{a}} = b + c$ • $\frac{ab + ad}{ax + ay} = \frac{\cancel{a} \cdot (b + d)}{\cancel{a} \cdot (x + y)} = \frac{b + d}{x + y}$

Größter gemeinsamer Teiler (ggT)

Die Zahl t heißt *Teiler* von a, wenn a ohne Rest durch t teilbar ist (*geschrieben:* $t \mid a$).

Die Menge aller Teiler von a heißt *Teilermenge* T_a.

p ist eine *Primzahl*, wenn die Teilermenge nur aus p und 1 besteht: $T_a = \{p, 1\}$.

P bezeichnet die Menge aller Primzahlen.

Jede natürliche Zahl kann in ein Produkt von *Primzahlen* (*Primfaktoren*) zerlegt werden.

- $6 \mid 24$ denn $24 : 6 = 4$ (kein Rest)
- $3 \nmid 11$ denn bei $11 : 3$ bleibt ein Rest
- $T_{18} = \{1, 2, 3, 6, 9, 18\}$
- $T_2 = \{1, 2\}$ • $T_5 = \{1, 5\}$
- $T_3 = \{1, 3\}$ • $T_7 = \{1, 7\}$

$P = \{2, 3, 5, 7, 11, 13, \dots\}$

- $24 = 2 \cdot 2 \cdot 2 \cdot 3$

  ▲ ▲ ▲ ▲

  Primfaktoren

Der *größte gemeinsame Teiler* (ggT) mehrerer Zahlen ist das *Produkt* der *gemeinsamen Primfaktoren* dieser Zahlen.

- ggT der Zahlen 48, 84, 120

Primfaktoren

	2	3	5	7
48	**2** · **2** · 2 · 2	**3**		
84	**2** · **2**	**3**		7
120	**2** · **2** · 2	**3**	5	
ggT	**2** · **2** · **3** = 12			

Regel	Erläuterungen, Beispiele
Der größte gemeinsame Teiler (ggT) von algebraischen Termen wird gefunden durch folgende Operationen: • Ausklammern (Faktorisieren) • Zerlegung in Primfaktoren • Feststellung gemeinsamer Faktoren	• ggT von $48ax + 24bx$; $120an + 60bn$; $24az + 12bz$

Primfaktoren

	2	3	5	nxz	$(2a+b)$
$24x \cdot (2a+b)$	$\mathbf{2} \cdot \mathbf{2} \cdot 2$	$\mathbf{3}$		x	$(\mathbf{2a+b})$
$60n \cdot (2a+b)$	$\mathbf{2} \cdot \mathbf{2}$	$\mathbf{3}$	5	n	$(\mathbf{2a+b})$
$12z \cdot (2a+b)$	$\mathbf{2} \cdot \mathbf{2}$	$\mathbf{3}$		z	$(\mathbf{2a+b})$
ggT	$\mathbf{2} \cdot \mathbf{2} \cdot \mathbf{3} \cdot (\mathbf{2a+b}) = 12 \cdot (2a+b)$				

Kleinstes gemeinsames Vielfaches (kgV)

Die Menge aller *Vielfachen* von a heißt *Vielfachenmenge* V_a.

- $V_8 = \{8, 16, 24, 32, 40, \ldots\}$

Man bezeichnet die Menge aller Vielfachen mit V.

Das *kleinste gemeinsame Vielfache* (kgV) von Zahlen ist das Produkt der höchsten Primzahlpotenzen dieser Zahlen.

- kgV $(8, 12) = 2 \cdot 2 \cdot 2 \cdot 3 = 24$
- kgV $(6, 12, 18) = 2 \cdot 2 \cdot 3 \cdot 3 = 36$

Um das kgV mehrerer Zahlen systematisch zu finden, *zerlegt* man zunächst, wie rechts dargestellt, die Zahlen in ihre *Primfaktoren*. Von *jeder* vorkommenden Primzahl sucht man die *höchste Potenz* heraus.

Primfaktoren

	2	3
18	2	$\mathbf{3^2}$
6	2	3
12	$\mathbf{2^2}$	3
kgV	$\mathbf{2^2} \cdot \mathbf{3^2} = 36$	

Regel	Erläuterungen, Beispiele
Soll von mehreren Summen das kgV berechnet werden, so muss man die Summen zunächst in Faktoren zerlegen. Das Produkt aus allen verschiedenen Faktoren ergibt das kgV. (Gegebenenfalls nimmt man die höchste Potenz.)	• kgV von $xy - x - y + 1$ und $xy + 2y - x - 2$ $xy - x - y + 1 = (y-1)\cdot(x-1)$ $xy + 2y - x - 2 = (y-1)\cdot(x+2)$

Primfaktoren

	$(x-1)$	$(x+2)$	$(y-1)$
$(y-1)\cdot(x-1)$	$(x-1)$		$(y-1)$
$(y-1)\cdot(x+2)$		$(x+2)$	$(y-1)$
kgV	$(x-1)\cdot(x+2)\cdot(y-1)$		

Addition und Subtraktion von Brüchen

Gleichnamige Brüche werden *addiert* oder *subtrahiert*, indem man die *Zähler* addiert oder subtrahiert und den *gemeinsamen Nenner* beibehält.

$$\boxed{\frac{a}{b}+\frac{c}{b}=\frac{a+c}{b}} \qquad b \neq 0$$

- $\frac{3}{8}+\frac{7}{8}-\frac{5}{8}=\frac{3+7-5}{8}=\frac{5}{8}$
- $\frac{4x}{3b}-\frac{18x}{3b}+\frac{20x}{3b}=\frac{4x-18x+20x}{3b}$
  $=\frac{6x}{3b}=\frac{2\cdot\cancel{3}\cdot x}{\cancel{3}\cdot b}=\frac{2x}{b}$

Brüche mit *ungleichen Nennern* müssen vor dem *Addieren* oder *Subtrahieren gleichnamig* gemacht werden.

$$\boxed{\frac{a}{b}\pm\frac{c}{d}=\frac{ad\pm bc}{bd}} \qquad b,d \neq 0$$

Brüche gleichnamig machen heißt, sie auf einen gemeinsamen Nenner, den *Hauptnenner*, zu erweitern, in dem alle vorhandenen Nenner enthalten sind.

- $\frac{3x}{a}+\frac{4b}{x}=\frac{3x\cdot x}{a\cdot x}+\frac{4b\cdot a}{x\cdot a}$
  $=\frac{3x^2+4ab}{a\cdot x}$

Regel	Erläuterungen, Beispiele
Der *Hauptnenner* ist das kleinste gemeinsame Vielfache (kgV) der Einzelnenner. Die Bestimmung des Hauptnenners erfolgt zweckmäßig schrittweise: 1. Hauptnenner (kgV) berechnen. 2. Erweiterungsfaktoren bestimmen.	• $\frac{5a}{3(a-3b)} + \frac{3b}{4(a-3b)} - \frac{2}{3} = ?$

Nenner	2	3	$(a-3b)$	Erweiterungsfaktor
$3\cdot(a-3b)$		3	$(a-3b)$	**4**
$4\cdot(a-3b)$	$2\cdot 2$		$(a-3b)$	**3**
3		3		$\mathbf{4\cdot(a-3b)}$
Hauptnenner: $2\cdot 2\cdot 3\cdot(a-3b) = 12\cdot(a-3b)$				

3. Bruchterme erweitern.

$$= \frac{5a\cdot\mathbf{4}}{3(a-3b)\cdot\mathbf{4}} + \frac{3b\cdot\mathbf{3}}{4(a-3b)\cdot\mathbf{3}} - \frac{2\cdot\mathbf{4(a-3b)}}{3\cdot\mathbf{4(a-3b)}}$$

4. Bruchterme zusammenfassen.

$$= \frac{20a}{12\cdot(a-3b)} + \frac{9b}{12\cdot(a-3b)} - \frac{8(a-3b)}{12\cdot(a-3b)}$$

$$= \frac{20a + 9b - (8a - 24b)}{12\cdot(a-3b)}$$

$$= \frac{12a + 33b}{12\cdot(a-3b)}$$

5. Bruchterm kürzen.

$$= \frac{\cancel{3}\cdot(4a + 11b)}{\cancel{3}\cdot 4\cdot(a-3b)} = \frac{4a + 11b}{4\cdot(a-3b)}$$

Multiplikation von Brüchen

Brüche werden *multipliziert*, indem man das *Produkt der Nennerterme* durch das *Produkt der Zählerterme dividiert* (Zähler mal Zähler geteilt durch Nenner mal Nenner).

$$\frac{a}{b}\cdot\frac{c}{d}\cdot\frac{x}{y} = \frac{a\cdot c\cdot x}{b\cdot d\cdot y} = \frac{a\,c\,x}{b\,d\,y} \qquad b, d, y \neq 0$$

- $$\frac{7a}{8}\cdot\frac{48}{14} = \frac{7a\cdot 48}{8\cdot 14} = \frac{\cancel{7}\cdot a\cdot\cancel{2}\cdot 3\cdot\cancel{8}}{\cancel{8}\cdot\cancel{2}\cdot\cancel{7}} = 3a$$

Regel	Erläuterungen, Beispiele
Ganze Zahlen als Faktoren sind Brüche mit dem Nenner 1. $\boxed{\frac{a}{b} \cdot c = \frac{a}{b} \cdot \frac{c}{1} = \frac{a \cdot c}{b}}$ $\quad b \neq 0$	• $\frac{3xy}{7ab} \cdot 14b = \frac{3xy}{7ab} \cdot \frac{14b}{1}$ $= \frac{3 \cdot \overset{2}{\cancel{14}} \cdot \cancel{b} \cdot x \cdot y}{\cancel{7} \cdot a \cdot \cancel{b}}$ $= \frac{6xy}{a}$
Division von Brüchen *Brüche* werden *dividiert*, indem man den *ersten Bruch* mit dem *Kehrwert* des *zweiten Bruches multipliziert.* $\boxed{\frac{a}{b} : \frac{c}{d} = \frac{a}{b} \cdot \frac{d}{c} = \frac{a \cdot d}{b \cdot c} = \frac{ad}{bc}}$ $\quad b, c, d \neq 0$ 1. Bruch ↑ $\frac{a}{b}$; 2. Bruch ↑ $\frac{c}{d}$; Kehrwert des zweiten Bruches ↑ $\frac{d}{c}$	• $\frac{1}{4} : \frac{3}{4} = \frac{1}{4} \cdot \frac{4}{3}$ $= \frac{1 \cdot \cancel{4}}{\cancel{4} \cdot 3} = \frac{1}{3}$ • $\frac{16ax}{5b} : \frac{4a}{15bc} = \frac{16ax}{5b} \cdot \frac{15bc}{4a}$ $= \frac{4 \cdot \cancel{4a} \cdot x \cdot 3 \cdot \cancel{5b} \cdot c}{\cancel{5b} \cdot \cancel{4a}}$ $= 4x \cdot 3c$ $= 12cx$

Sind Dividend oder Divisor eine ganze Zahl, so können sie als Bruch mit dem Nenner 1 aufgefasst werden. Die Rechenregel ändert sich nicht.

$$\frac{a}{b}:c=\frac{a}{b}:\frac{c}{1}=\frac{a\cdot 1}{b\cdot c}=\frac{a}{b\cdot c}$$

$$a:\frac{b}{c}=\frac{a}{1}:\frac{b}{c}=\frac{a\cdot c}{1\cdot b}=\frac{a\cdot c}{b}$$

$b, c \neq 0$

- $$\frac{6a-2b}{3x+15}:\frac{4c}{9x-3y}=\frac{(6a-2b)\cdot(9x-3y)}{(3x+15)\cdot 4c}=\frac{2\cdot(3a-b)\cdot 3\cdot(3x-y)}{3\cdot(x+5)\cdot 4c}=\frac{9ax-3ay-3bx+by}{2cx+10c}$$

- $$\frac{24ac}{6b}:4c=\frac{24ac}{6b}\cdot\frac{1}{4c}=\frac{a}{b}$$

- $$\frac{a}{b}:\frac{c}{d}:x=\frac{a}{b}\cdot\frac{d}{c}\cdot\frac{1}{x}=\frac{ad}{bcx}$$

Regel	Erläuterungen, Beispiele
Division einer Summe durch eine Zahl Eine *Summe* wird durch eine *Zahl dividiert*, indem man jeden Summanden unter Beachtung der Vorzeichenregeln durch die Zahl dividiert. $$\boxed{\frac{a+b+c}{x}=\frac{a}{x}+\frac{b}{x}+\frac{c}{x}}$$	• $\frac{6ab+3ac-18ad}{3a}=\frac{6\cancel{a}b}{3\cancel{a}}+\frac{\cancel{3}\cancel{a}c}{\cancel{3}\cancel{a}}-\frac{18\cancel{a}d}{3\cancel{a}}$ $=\frac{2\cdot\cancel{3}b}{\cancel{3}}+c-\frac{\cancel{3}\cdot 6d}{\cancel{3}}$ $=\frac{2\cdot b}{1}+c-\frac{1\cdot 6d}{1}$ $=2b+c-6d$
Division einer Zahl durch eine Summe Eine Zahl darf man durch die einzelnen Summanden einer Summe **nicht** dividieren. Man kann gegebenenfalls Erweitern oder Kürzen. $$\frac{x}{a+b-c}$$ Kann nicht weiter vereinfacht werden.	• $\frac{6ax}{2ax+12bx-6cx}=\frac{6ax}{2x(a+6b-3c)}$ $=\frac{3a}{a+6b-3c}$

9. Potenzrechnung

n Faktoren: $\underbrace{a \cdot a \cdot a \cdot \ldots \cdot a}_{\text{Produkt}} = \underbrace{a^n}_{\text{Potenz}}$ (*Basis* a, *Exponent* n)	$a \neq 0$, $n \in \mathbb{N}^{>0}$	a^n: gelesen: „a hoch n“
Basis und Exponent dürfen bei einer Potenz nicht vertauscht werden.		• $2^3 = 2 \cdot 2 \cdot 2 = 8$ • $3^2 = 3 \cdot 3 \quad = 9$
Sonderfälle $a^1 = a$		• $23^1 = 23$
$a^0 = 1; \quad a \neq 0$		• $45^0 = 1$
0^0 ist nicht definiert		

Regel	Erläuterungen, Beispiele
Vorzeichenregeln	
Eine Potenz mit positiver Basis ist positiv.	• $2^5 = 32$
Eine Potenz mit negativer Basis ist positiv, wenn der Exponent eine gerade Zahl ist; sie ist negativ, wenn der Exponent eine ungerade Zahl ist.	• $(-3)^2 = (-3) \cdot (-3) = 9$ • $(-3)^3 = (-3) \cdot (-3) \cdot (-3) = -27$ • $(-y)^5 = -y^5$ • $(-z)^8 = z^8$
$(-a)^{2n} = a^{2n}$ $(-a)^{2n-1} = -a^{2n-1}$ $a \neq 0;\ n \in \mathbb{Z}$	
$2n$: gerade Zahl für $n \in \mathbb{Z}$ $2n-1$: ungerade Zahl für $n \in \mathbb{Z}$	

Addition und Subtraktion von Potenzen

Nur Potenzen mit *gleichen Basen* und *gleichen Exponenten* können addiert bzw. subtrahiert werden.

Potenzen werden addiert bzw. subtrahiert, indem man ihre Beizahlen (Koeffizienten) *addiert* bzw. *subtrahiert*. Die Potenzen bleiben unverändert.

$$\begin{aligned} &6a^4 + 2a^2 + 8a^4 - a^2 \\ &= 6a^4 + 8a^4 + 2a^2 - a^2 \\ &= 14a^4 + a^2 \end{aligned}$$

- $2a^3 + 3a^3 + 4a^3 = 9a^3$
- $2a^2b^5 + 3a^2b^5 = 5a^2b^5$
- $20a^2b^3 + 6a^3b^2 + 4a^3b^2 + 2a^3c^2 - 12a^2b^3$
  $= 6a^3b^2 + 4a^3b^2 + 2a^3c^2 + 20a^2b^3 - 12a^2b^3$
  $= 10a^3b^2 + 8a^2b^3 + 2a^3c^2$

Multiplikation von Potenzen

Potenzen mit *gleichen Basen* werden *multipliziert*, indem man die *Exponenten addiert* und die Basis beibehält.

$$a^m \cdot a^n = a^{m+n}$$

Umkehrung: Eine Potenz kann in ein Produkt von Potenzen umgewandelt werden.

- $4a^3x^7 \cdot 5a^4x^2 = 4 \cdot 5 \cdot a^3 \cdot a^4 \cdot x^7 \cdot x^2$
  $= 20a^7x^9$
- $x^9 = x^{4+3+2} = x^4 \cdot x^3 \cdot x^2$
- $4^3 \cdot 2^3 = (4 \cdot 2)^3 = 8^3 = 512$

Regel	Erläuterungen, Beispiele
Potenzen mit *gleichen Exponenten* werden *multipliziert*, indem man die *Basen multipliziert* und das Produkt mit dem gemeinsamen Exponenten potenziert. $a^n \cdot b^n = (a \cdot b)^n$ *Umkehrung:* Ein *Produkt* wird *potenziert*, indem *jeder Faktor* potenziert wird.	• $(ab)^5 \cdot (2ab)^5 = (ab \cdot 2ab)^5 = (2a^2b^2)^5 = 32a^{10}b^{10}$ • $(3ab)^3 = 3^3 \cdot a^3 \cdot b^3 = 27a^3b^3$ • $b^{5-x} \cdot b^{x+n} = b^{5-x+x+n} = b^{5+n}$ • $8c^{6-5x} \cdot 3c^{2+6x} - 5c^{4+x} \cdot 6c^{2+3x} = 24c^{(6-5x)+(2+6x)} - 30c^{(4+x)+(2+3x)} = 24c^{x+8} - 30c^{4x+6}$
Division von Potenzen Potenzen mit *gleichen Basen* werden *dividiert*, indem man die *Exponenten subtrahiert* und die Basis beibehält. $\frac{a^m}{a^n} = a^{m-n} \quad a \neq 0$ *Umkehrung:* Ist der Exponent einer Potenz eine Differenz, so kann man dafür einen Bruch schreiben.	• $\frac{3^6}{3^4} = 3^{6-4} = 3^2 = 9$ • $a^5 : a^7 = a^{5-7} = a^{-2}$ • $\frac{12a^3b^4c^7}{3a^2b^5c^6} = \frac{4ac}{b}$ • $\frac{a^{n+1} \cdot c^x}{a^n \cdot c^{x-1}} = a^{n+1-n} \cdot c^{x-(x-1)} = ac$

Eine Potenz mit *negativem Exponenten* ist *gleich* dem *reziproken Wert* der gleichen Potenz *mit positivem Exponenten.* $\boxed{a^{-n} = \frac{1}{a^n}}$ $\quad a \neq 0;\ n \in \mathbb{N}^{>0}$	• $x^{a-b} = \frac{x^a}{x^b}$ • $3^{-4} = \frac{1}{3^4} = \frac{1}{81}$
Potenzen mit *gleichen Exponenten* werden *dividiert*, indem man die *Basen dividiert* und mit dem gemeinsamen Exponenten potenziert. $\boxed{\frac{a^n}{b^n} = \left(\frac{a}{b}\right)^n}$ $\quad b \neq 0$ *Umkehrung:* Ein *Bruch* wird *potenziert*, indem man *Zähler und Nenner potenziert.*	• $25^{12} : 5^{12} = \left(\frac{25}{5}\right)^{12} = 5^{12}$ • $\frac{(a^3 \cdot b^5)^4}{(a^2 \cdot b^3)^4} = \left(\frac{a^3 \cdot b^5}{a^2 \cdot b^3}\right)^4 = (a b^2)^4 = a^4 b^8$ • $\left(\frac{2}{3}\right)^5 = \frac{2^5}{3^5}$
Potenzieren von Potenzen Eine Potenz wird *potenziert*, indem man die *Exponenten multipliziert* und die Basis beibehält. $\boxed{(a^m)^n = a^{m \cdot n}}$	• $(3^4)^5 = 3^{4 \cdot 5} = 3^{20}$ • $\left(\frac{3a^2}{2x^3}\right)^3 = \frac{3^3 \cdot a^6}{2^3 \cdot x^9} = \frac{27a^6}{8x^9}$ • $[(2a^3x^4)^2]^3 = [2^2 \cdot a^6 \cdot x^8]^3$ $= 2^6 \cdot a^{18} \cdot x^{24}$ $= 64a^{18}x^{24}$

Regel	Erläuterungen, Beispiele
Potenzieren von Summen Binomische Formeln	
$(a+b)^2 = (a+b)\cdot(a+b) = a^2 + 2ab + b^2$	• $(2+x)^2 = 4 + 4x + x^2$
$(a-b)^2 = (a-b)\cdot(a-b) = a^2 - 2ab + b^2$	• $(2a-3b)^2 = 4a^2 - 12ab + 9b^2$
$(a+b)\cdot(a-b) = a^2 - b^2$	• $(5a-3x)\cdot(5a+3x) = 25a^2 - 9x^2$
Pascalsches Dreieck zur Bestimmung der Binomialkoeffizienten $(a \pm b)^n$	$(a \pm b)^n =$
$n = 0$ 1	• $(a \pm b)^0 = 1$
$n = 1$ 1 1	• $(a \pm b)^1 = 1 \cdot a \pm 1 \cdot b$
$n = 2$ 1 2 1	• $(a \pm b)^2 = a^2 \pm 2ab + b^2$
$n = 3$ 1 3 3 1	• $(a \pm b)^3 = a^3 \pm 3a^2b + 3ab^2 \pm b^3$
$n = 4$ 1 4 6 4 1	• $(a \pm b)^4 = a^4 \pm 4a^3b + 6a^2b^2 \pm 4ab^3 + b^4$
$n = 5$ 1 5 10 10 5 1	
$n = 6$ 1 6 15 20 15 6 1	
…	

10. Rechnen mit Wurzeln

Regel	Erläuterungen, Beispiele
Wurzelexponent (n) — $\sqrt[n]{a} = x$ — *Radikand (Basis)* (a); $a \geq 0$ $(a \in \mathbb{R}^{\geq 0})$	gelesen: „*n*-te Wurzel von *a* gleich *x*“
Die n-te Wurzel aus a ist diejenige positive Zahl x, deren n-te Potenz gleich a ist. $\sqrt[n]{a} = x \Leftrightarrow x^n = a$ $a \geq 0$; $(a \in \mathbb{R}^{\geq 0})$ $\sqrt[n]{a^n} = \|a\|$ $a \in \mathbb{R}$; $n \in G^{>0}$ $\sqrt[n]{a^n} = a$ $a \in \mathbb{R}^{\geq 0}$; $n \in U^{>0}$	• $\sqrt[3]{27} = 3$, denn $3^3 = 27$ • $\sqrt[4]{16} = 2$, denn $2^4 = 16$ • $\sqrt[4]{2^4} = \|2\| = 2$ • $\sqrt[4]{(-2)^4} = \|-2\| = 2$ • $\sqrt[3]{5^3} = 5$

Regel	Erläuterungen, Beispiele
Jede Wurzel kann als Potenz mit einem Bruch als Exponent geschrieben werden. *Die Gesetze der Potenzrechnung gelten deshalb auch für die Wurzelrechnung.* $\boxed{\sqrt[n]{a} = a^{\frac{1}{n}}}$ $a \in \mathbb{R}_+^*$ $\boxed{\sqrt[n]{a^m} = a^{\frac{m}{n}}}$ $m \in \mathbb{N};\ n \in \mathbb{N}^*$	• $\sqrt[4]{3} = 3^{\frac{1}{4}}$ • $\sqrt[3]{x^8} = x^{\frac{8}{3}}$ • $\sqrt[6]{a^7} = a^{\frac{7}{6}} = \dfrac{1}{a^{-\frac{7}{6}}}$
Addition und Subtraktion von Wurzeln Nur Wurzeln mit *gleichen Radikanden* und *gleichen Wurzelexponenten* können *addiert* oder *subtrahiert* werden. *Gleiche Wurzeln* werden *addiert* oder *subtrahiert*, indem man ihre *Beizahlen addiert* oder *subtrahiert* und die Wurzel beibehält. $\boxed{4 \cdot \sqrt[n]{b} + 3 \cdot \sqrt[n]{b} - \sqrt[m]{b} = 7 \cdot \sqrt[n]{b} - \sqrt[m]{b}}$	• $3 \cdot \sqrt[3]{8} + 2 \cdot \sqrt[3]{8} - 3 \cdot \sqrt[3]{8} = (3 + 2 - 3) \cdot \sqrt[3]{8}$ $= 2 \cdot \sqrt[3]{8}$ $= 4$ • $5\frac{1}{2} \cdot \sqrt[7]{ax} + 6\frac{1}{4} \cdot \sqrt[7]{ab} + \sqrt[7]{ax} - 8\frac{1}{2} \cdot \sqrt[7]{ab}$ $= 5\frac{1}{2} \cdot \sqrt[7]{ax} + \sqrt[7]{ax} - \frac{34}{4} \cdot \sqrt[7]{ab} + \frac{25}{4} \cdot \sqrt[7]{ab}$ $= 6\frac{1}{2} \cdot \sqrt[7]{ax} - 2\frac{1}{4} \cdot \sqrt[7]{ab}$

Multiplikation von Wurzeln
(teilweise Wurzel ziehen)

Regel	Bedingung	Beispiele
$\sqrt[n]{a} \cdot \sqrt[n]{b} = \sqrt[n]{a \cdot b}$	$a, b \in \mathbb{R}^{>0};\ n \in \mathbb{N}^{>0}$	• $6 \cdot \sqrt{\frac{3}{4}} \cdot 5 \cdot \sqrt{\frac{8}{9}} \cdot 4 \cdot \sqrt{\frac{3}{2}} = 6 \cdot 5 \cdot 4 \cdot \sqrt{\frac{3 \cdot 8 \cdot 3}{4 \cdot 9 \cdot 2}} = 120$
$\sqrt[n]{a^n \cdot b} = a \cdot \sqrt[n]{b}$	$a, b \in \mathbb{R}^{>0};\ n \in \mathbb{N}^{>0}$	• $3 \cdot \sqrt{50x} = 3 \cdot \sqrt{2 \cdot 25 \cdot x} = 3 \cdot \sqrt{25} \cdot \sqrt{2x} = 15 \cdot \sqrt{2x}$
		• $\sqrt{121a + 121b} = \sqrt{121 \cdot (a+b)} = 11 \cdot \sqrt{a+b}$

Division von Wurzeln

Regel	Bedingung	Beispiele
$\frac{\sqrt[n]{a}}{\sqrt[n]{b}} = \sqrt[n]{\frac{a}{b}}$	$a, b \in \mathbb{R}^{>0};\ n \in \mathbb{N}^{>0}$	• $\frac{\sqrt{36}}{\sqrt{9}} = \sqrt{\frac{36}{9}} = \sqrt{4} = 2$
		• $\sqrt{\frac{5x}{60}} : \sqrt{\frac{10x}{30}} = \sqrt{\frac{5x}{60} \cdot \frac{30}{10x}} = \sqrt{\frac{1}{4}} = \frac{1}{2}$

Regel	Erläuterungen, Beispiele
Potenzieren von Wurzeln $(\sqrt[n]{a})^x = \sqrt[n]{a^x} = \sqrt[\frac{n}{x}]{a}$ $a \in \mathbb{R}^{>0};\ n \in \mathbb{N}^{>0}$; $x \in \mathbb{Z}$ $\sqrt[b \cdot n]{a^{bx}} = \sqrt[n]{a^x}$ $a \in \mathbb{R}^{>0};\ n \in \mathbb{N}^{>0}$; $b, x \in \mathbb{Z};\ b \neq 0$	• $(\sqrt[4]{a})^2 \cdot (\sqrt[6]{a})^3 = \sqrt{a} \cdot \sqrt{a} = \sqrt{a^2} = a$ • $(\sqrt[4]{n+x})^3 \cdot (\sqrt[4]{n+x})^5 = \sqrt[4]{(n+x)^8} = (n+x)^2$ • $\sqrt[m+n]{(a\,x)^{2 \cdot (m+n)}} = (a\,x)^2$
Radizieren von Wurzeln $\sqrt[n]{\sqrt[x]{a}} = \sqrt[n \cdot x]{a}$ $a \in \mathbb{R}^{>0};\ n, x \in \mathbb{N}^{>0}$ $\sqrt[n]{\sqrt[x]{a}} = \sqrt[x]{\sqrt[n]{a}}$ $a \in \mathbb{R}^{>0};\ n, x \in \mathbb{N}^{>0}$	• $\sqrt{\sqrt{16}} = \sqrt{4} = 2$ *oder* $\sqrt[2 \cdot 2]{16} = \sqrt[4]{16} = 2$ • $\sqrt[3]{\sqrt{64}} = \sqrt[3]{8} = 2$ *oder* $\sqrt[3]{\sqrt{64}} = \sqrt{\sqrt[3]{64}} = \sqrt{4} = 2$ • $\sqrt[4]{\sqrt[3]{x^2}} \cdot \sqrt{\sqrt[6]{x^{10}}} + \sqrt[9]{y^6 \cdot \sqrt[4]{y^{12}}}$ $= \sqrt[12]{x^2} \cdot \sqrt[12]{x^{10}} + \sqrt[9]{y^6 \cdot y^3}$ $= \sqrt[12]{x^{12}} + \sqrt[9]{y^9} = x + y$ • $\sqrt[5]{\sqrt{\sqrt[10]{\sqrt[0,02]{7,84}}}} = \sqrt[5 \cdot 2 \cdot 10 \cdot 0,02]{7,84} = \sqrt{7,84} = 2,8$

Radizieren von Summen

Wurzeln aus algebraischen Summen kann man nicht lösen, es sei denn, die Summe lässt sich in ein Produkt verwandeln.

- $\sqrt{9x^2 - 12xy + 4y^2} = \sqrt{(3x - 2y)^2}$
  $= 3x - 2y$

11. Rechnen mit Logarithmen

Regel	Erläuterungen, Beispiele

Der Logarithmus x einer Zahl b zur Basis a ist diejenige Zahl, mit der man die Basis a potenzieren muss, um die Zahl b zu erhalten.

$$a^x = b \Leftrightarrow x = \log_a b \qquad a \in \mathbb{R}^{>0} \setminus \{1\}, \quad b \in \mathbb{R}^{>0}$$

$$\mathbf{x = \log_a b}$$

Numerus: b; Logarithmus: x; Basis: a

$a \in \mathbb{R}^{>0} \setminus \{1\}$
$b \in \mathbb{R}^{>0}$

Die Zahl x heißt *Logarithmus* von b zur *Basis a.* Die Zahl b heißt der zum Logarithmus x und zur Basis a gehörende *Numerus.* Der Rechenvorgang, der den Zahlen a und b die Zahl $x = \log_a b$ zuordnet, heißt *Logarithmieren.*

- $\log_4 16 = 2$ *denn* $4^2 = 16$
- $\log_3 81 = 4$ *denn* $3^4 = 81$
- $\log_2 32 = 5$ *denn* $2^5 = 32$
- $\log_{10} 10 = 1$ *denn* $10^1 = 10$

Regel	Erläuterungen, Beispiele
Sonderfälle	
$\boxed{\log_a 1 = 0}$ $\boxed{\log_a a = 1}$	• $\log_3 1 = 0$ *denn* $3^0 = 1$ • $\log_3 3 = 1$ *denn* $3^1 = 3$
$\boxed{\log_a(a^x) = x}$ $\boxed{a^{\log_a b} = b}$ $a \in \mathbb{R}^{>0} \setminus \{1\};\ b \in \mathbb{R}^{>0}$	• $\log_3 3^2 = 2$ *denn* $3^2 = 3^2$ • $3^{\log_3 9} = 9$ $\log_3 9 = 2$ *denn* $3^2 = 9$
Logarithmensysteme Alle Logarithmen mit gleicher Basis bilden ein *Logarithmensystem.* Als Basis können alle positiven Zahlen außer 0 und 1 verwendet werden.	*Basis:*
$\log_{10} b \equiv \lg b$ ▶ *Zehnerlogarithmen*	$a = 10$
$\log_2 n \equiv \operatorname{lb} n$ ▶ *binäre Logarithmen*	$a = 2$
$\log_e b \equiv \ln b$ ▶ *natürliche Logarithmen*	$a = e = 2{,}71828\ldots$

Logarithmengesetze	
Ein *Produkt* wird *logarithmiert*, indem man die *Logarithmen der Faktoren addiert*. $\boxed{\log_a(u \cdot v) = \log_a u + \log_a v}$ $a \in \mathbb{R}^{>0} \setminus \{1\}$; $u, v \in \mathbb{R}^{>0}$	• $\lg(10 \cdot 100) = \lg 10 + \lg 100$ $\lg 1000 = 1 + 2$ $= 3$ *denn* $10^3 = 1000$
Ein Bruch wird *logarithmiert*, indem man vom *Logarithmus des Zählers* den *Logarithmus des Nenners subtrahiert*. $\boxed{\log_a \frac{u}{v} = \log_a u - \log_a v}$ $a \in \mathbb{R}^{>0} \setminus \{1\}$; $u, v \in \mathbb{R}^{>0}$	$\lg \frac{1000}{10} = \lg 1000 - \lg 10$ $\lg 100 = 3 - 1$ $= 2$ *denn* $10^2 = 100$
Eine *Potenz* wird *logarithmiert*, indem man den *Logarithmus der Basis* mit dem *Exponenten multipliziert*. $\boxed{\log_a b^n = n \cdot \log_a b}$ $\boxed{\log_a \sqrt[v]{b^u} = \frac{u}{v} \cdot \log_a b}$ $a \in \mathbb{R}^{>0} \setminus \{1\}$; $b \in \mathbb{R}^{>0}$; $u \in \mathbb{Z}$; $v \in \mathbb{N}^{>0}$	• $\lg 10^3 = 3 \cdot \lg 10$ $\lg 1000 = 3 \cdot 1 = 3$ *denn* $10^3 = 1000$ • $\lg \sqrt{10^4} = \lg 10^{\frac{4}{2}} = \frac{4}{2} \lg 10 = 2 \cdot 1 = 2$ • $\lg \sqrt{10000} = \lg 100 = 2$

Regel	Erläuterungen, Beispiele
Zusammenhang der Logarithmensysteme	
$\boxed{\log_b a = \frac{\log_c a}{\log_c b}}$ $\quad a \in \mathbb{R}^{>0};\; b, c \in \mathbb{R}^{>0} \setminus \{1\}$	• $\log_2 32 = \text{lb}\, 32 = \frac{\lg 32}{\lg 2}$
$\log_2 x = \text{lb}\, x = \frac{\lg x}{\lg 2}$ $\quad \boxed{\text{lb}\, x = \frac{\lg x}{0{,}3010}}$ $\quad x \in \mathbb{R}^{>0}$	$\text{lb}\, 32 = \frac{1{,}5051}{0{,}3010} = 5$ $\text{lb}\, 32 = 5$ *denn* $2^5 = 32$
$\log_e x = \ln x = \frac{\lg x}{\lg e}$ $\quad \boxed{\ln x = \frac{\lg x}{0{,}4343}}$ $\quad x \in \mathbb{R}^{>0}$	• $\log_e 5 = \ln 5 = \frac{\lg 5}{0{,}4343}$ $\ln 5 = \frac{0{,}6990}{0{,}4343}$ $\ln 5 = 1{,}6095$

12. Gleichungen – Ungleichungen

12.1 Allgemeines

Regel	Erläuterungen, Beispiele
Term Zahlen, Variablen und sinnvolle Verbindungen aus Zahlen und Variablen mit Hilfe von Rechenzeichen heißen *Terme*. Bezeichnung für Terme: T	• $T_1 = 5$ • $T_2 = -1$ • $T_3 = \frac{2}{3}$ • $T_4 = 2x - 3$ • $T_5 = a + 2ab - x^2$ • $T_6 = 513 - 345 + 23a$
Gleichung Werden zwei Terme durch ein Gleichheitszeichen verbunden, so entsteht eine *Gleichung*. $\boxed{T_1 = T_2}$ Gleichung	• $T_1 = 5x - 3$ $T_2 = 2x + 5$ $5x - 3 = 2x + 5$

Regel	Erläuterungen, Beispiele
Ungleichung Werden zwei Terme durch eines der Zeichen $>$, $\geq$, $<$ oder $\leq$ verbunden, so entsteht eine *Ungleichung*. $T_1 < T_2$ $\quad T_1 \leq T_2$ $T_1 > T_2$ $\quad T_1 \geq T_2$ Ungleichungen	• $3 < 4$ • $4x - 3 > 5x + 6$ • $2x \leq 6$ • $4(x + 3) \geq 4x$
Eine Gleichung (Ungleichung) mit mindestens einer Variablen (Platzhalter) ist eine *Aussageform*, die eine wahre oder falsche Aussage ergibt, wenn man für die Variablen die Zahlen aus der Definitionsmenge einsetzt.	• $x + 3 = 5$ Definitionsmenge $D = \{1, 2, 3\}$ $x = 1$ ▶ $1 + 3 = 5$ ▶ falsche Aussage $x = 2$ ▶ $2 + 3 = 5$ ▶ wahre Aussage $x = 3$ ▶ $3 + 3 = 5$ ▶ falsche Aussage

Definitionsmenge

Die Definitionsmenge $D(G)$ einer Gleichung besteht aus *den* Elementen der Grundmenge, bei deren Einsetzung beide Seiten der Gleichung in ein definiertes Zahlzeichen (Zahl) übergehen. Zur Lösung einer Gleichung muss daher immer eine Grundmenge M angegeben werden. Die Definitionsmenge D ist Teilmenge der Grundmenge: $D \subseteq M$.

Die Definitionsmenge einer Gleichung $T_1 = T_2$ ist der Durchschnitt der Definitionsmengen der Terme T_1 und T_2.

- $y = \frac{x+4}{3x+6}$; $M = \mathbb{R}$; $D = \mathbb{R} \setminus \{-2\}$

  Für $x = -2$ gilt:

  $y = \frac{-2+4}{-6+6} = \frac{2}{0}$ ► nicht definiert

Lösung – Lösungsmenge

Als *Lösungen* einer Gleichung (Ungleichung) bezeichnet man *alle diejenigen Elemente* der *Definitionsmenge*, die die Aussageform in eine *wahre Aussage* überführen.

Die *Lösungsmenge L* ist die Menge aller Lösungen einer Gleichung (Ungleichung).

- $2 + x = 6$; $D = \{3, 4, 5\}$

  $x = 3$; $2 + 3 = 6$ falsch

  $x = 4$; $2 + 4 = 6$ wahr

  $x = 5$; $2 + 5 = 6$ falsch

  Lösung: $x = 4$

  Lösungsmenge: $L = \{4\}$

Regel	Erläuterungen, Beispiele
Äquivalenz von Gleichungen (Ungleichungen) Zwei Gleichungen (Ungleichungen heißen genau dann *äquivalent* (gleichwertig) bezüglich einer Grundmenge (Definitionsmenge), wenn sie die *gleichen Lösungsmengen* besitzen. Umformungen, bei denen die Lösungsmenge einer Gleichung (Ungleichung) gleich bleibt, heißen *Äquivalenzumformungen.*	$M = D = \mathbb{N}$ • $x = 5 \Leftrightarrow 2x = 10 \Leftrightarrow 5x = 25$ • $x > 5 \Leftrightarrow 2x > 10 \Leftrightarrow 5x > 25$ • $x + 5 = 11 \Leftrightarrow x = 6$ $L = \{6\} \quad L = \{6\}$

12.2 Lösungsverfahren für Gleichungen und Ungleichungen

$M = \mathbb{R}$ gilt für alle Beispiele dieses Kapitels, falls keine andere Grundmenge angegeben ist.

Lösungsverfahren für Gleichungen (Äquivalenzumformungen)

Bei der Umformung einer Gleichung darf auf *beiden Seiten* der Gleichung *dieselbe Zahl addiert* werden. $T_1 = T_2 \Leftrightarrow T_1 + c = T_2 + c \qquad c \in \mathbb{R}$	$M = \mathbb{R}$ gilt für die folgenden Beispiele. • $x - 3 = 5 \quad \mid \mathbf{+3}$ $x - 3 \mathbf{+ 3} = 5 \mathbf{+ 3}$ $x = 8$

Bei der Umformung einer Gleichung darf auf *beiden Seiten* der Gleichung *dieselbe Zahl subtrahiert* werden. $T_1 = T_2 \Leftrightarrow T_1 - c = T_2 - c \quad c \in \mathbb{R}$	• $x + 4 = 8 \quad \mid \mathbf{-4}$ $x + 4 \mathbf{- 4} = 8 \mathbf{- 4}$ $x = 4$
Bei der Umformung einer Gleichung dürfen *beide Seiten* der Gleichung mit *derselben Zahl* $c \neq 0$ *multipliziert* werden. $T_1 = T_2 \Leftrightarrow T_1 \cdot c = T_2 \cdot c \quad c \in \mathbb{R} \setminus \{0\}$	• $\frac{x}{2} = 4 \quad \mid \mathbf{\cdot 2}$ $\frac{x}{2} \mathbf{\cdot 2} = 4 \mathbf{\cdot 2}$ $x = 8$
Bei der Umformung einer Gleichung dürfen *beide Seiten* der Gleichung durch *dieselbe Zahl* $c \neq 0$ *dividiert* werden. $T_1 = T_2 \Leftrightarrow \frac{T_1}{c} = \frac{T_2}{c} \quad c \in \mathbb{R} \setminus \{0\}$	• $5x = 25 \quad \mid \mathbf{:5}$ $\frac{\cancel{5}x}{\cancel{\mathbf{5}}} = \frac{25}{\mathbf{5}}$ $x = 5$

Regel	Erläuterungen, Beispiele
Bei einer Gleichung dürfen die *beiden Seiten* miteinander *vertauscht* werden. $T_1 = T_2 \Leftrightarrow T_2 = T_1$	• $2x + 4 = 5$ $5 = 2x + 4$

Beim Lösen einer Gleichung werden meist *mehrere* Rechenoperationen nacheinander durchgeführt.

• $$6 \cdot (4 + x) - 12 \cdot (2x + 3) = -4 \cdot (x - 18)$$
$$24 + 6x - 24x - 36 = -4x + 72$$
$$-18x - 12 = -4x + 72 \qquad |\mathbf{+4x}$$
$$-18x \mathbf{+ 4x} - 12 = -4x \mathbf{+ 4x} + 72$$
$$-14x - 12 = 72 \qquad |\mathbf{+12}$$
$$-14x - 12 \mathbf{+ 12} = 72 \mathbf{+ 12}$$
$$-14x = 84 \qquad |\cdot \mathbf{(-1)}$$
$$-14x \cdot \mathbf{(-1)} = 84 \cdot \mathbf{(-1)}$$
$$14x = -84 \qquad |\mathbf{:14}$$
$$\frac{\not{14}x}{\not{\mathbf{14}}} = \frac{-84}{\mathbf{14}}$$
$$x = -6 \Rightarrow L = \{-6\}$$

Lösungsverfahren für Ungleichungen (Äquivalenzumformungen)

Bei der Umformung einer Ungleichung darf auf *beiden Seiten* der Ungleichung *dieselbe Zahl addiert* oder *subtrahiert* werden.

$$T_1 < T_2 \Leftrightarrow T_1 + c < T_2 + c$$

$$T_1 > T_2 \Leftrightarrow T_1 - c > T_2 - c$$

$c \in \mathbb{R}$

- $5 < 8 \quad |+\mathbf{2}$
  $5 + \mathbf{2} < 8 + \mathbf{2}$
  $7 < 10$
- $9 > 6 \quad |-\mathbf{3}$
  $9 - \mathbf{3} > 6 - \mathbf{3}$
  $6 > 3$
- $2x - 3 < 2 + x \quad |+\mathbf{3} \quad M = D = \mathbb{N}$
  $2x - 3 + \mathbf{3} < 2 + x + \mathbf{3}$
  $2x < 5 + x \quad |-\boldsymbol{x}$
  $2x - \boldsymbol{x} < 5 + x - \boldsymbol{x}$
  $x < 5 \Rightarrow L = \{0, 1, 2, 3, 4\}$

Regel	Erläuterungen, Beispiele
Bei der Umformung einer Ungleichung dürfen *beide Seiten* der Ungleichung mit *derselben Zahl* $c > 0$ *multipliziert* werden. $T_1 < T_2 \Leftrightarrow T_1 \cdot c < T_2 \cdot c \quad c \in \mathbb{R}^{>0}$	• $5 < 8 \quad \mid \cdot \mathbf{3}$ $5 \cdot \mathbf{3} < 8 \cdot \mathbf{3}$ $15 < 24$ • $\frac{x}{3} \leq 2 \quad \mid \cdot \mathbf{3} \quad M = D = \mathbb{N}^{>0}$ $\frac{x}{3} \cdot \mathbf{3} \leq 2 \cdot \mathbf{3}$ $x \leq 6 \Rightarrow L = \{1, 2, 3, 4, 5, 6\}$
Bei der Umformung einer Ungleichung dürfen *beide Seiten* der Ungleichung durch *dieselbe Zahl* $c > 0$ *dividiert* werden. $T_1 < T_2 \Leftrightarrow \frac{T_1}{c} < \frac{T_2}{c} \quad c \in \mathbb{R}^{>0}$	• $8 < 32 \quad \mid : \mathbf{4} \quad M = D = \mathbb{Z}_-$ $\frac{8}{\mathbf{4}} < \frac{32}{\mathbf{4}}$ $2 < 8$ • $5x \geq -15 \quad \mid : \mathbf{5}$ $\frac{5x}{\mathbf{5}} \geq \frac{-15}{\mathbf{5}}$ $x \geq -3 \Rightarrow L = \{-3, -2, -1, 0\}$

Wird eine Ungleichung mit einer *negativen Zahl multipliziert* oder durch eine *negative Zahl dividiert*, so muss man das Ungleichheitszeichen *umkehren.*

- $$4 < 8 \quad | \cdot \mathbf{(-2)}$$
  $$4 \cdot \mathbf{(-2)} > 8 \cdot \mathbf{(-2)}$$
  $$-8 > -16$$

- $$-2x + 3 < 1 \quad | \mathbf{-3} \quad M = D = \mathbb{N}^{>0}$$
  $$-2x + 3 \mathbf{-3} < 1 \mathbf{-3}$$
  $$-2x < -2 \quad | \mathbf{:(-2)}$$
  $$\frac{-2x}{\mathbf{-2}} > \frac{-2}{\mathbf{-2}}$$
  $$x > 1 \Rightarrow L = \{2, 3, 4, 5, \ldots\}$$

Die Lösungsmenge kann bei diesem Beispiel wegen der Grundmenge $\mathbb{R}^{\geq 0}$ nur in beschreibender Form oder graphisch dargestellt werden.

- $$-\frac{x}{5} > -1 \quad | \cdot \mathbf{(-5)} \quad M = D = \mathbb{R}^{\geq 0}$$
  $$-\frac{x}{5} \cdot \mathbf{(-5)} < (-1) \cdot \mathbf{(-5)}$$
  $$x < 5 \Rightarrow L = \{x \in \mathbb{R}^{\geq 0} \mid x < 5\}$$

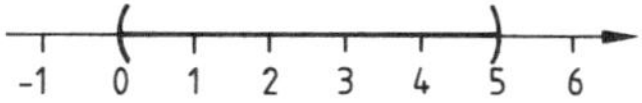

Regel	Erläuterungen, Beispiele
Vertauscht man die beiden Seiten einer *Ungleichung* miteinander, so muss man auch das *Ungleichheitszeichen umkehren.* $T_1 < T_2 \Leftrightarrow T_2 > T_1$	• $6 < 8 \Leftrightarrow 8 > 6$ • $\begin{aligned} -2x+3 &< 5x+3 && \mid \mathbf{-3} \quad M = D = \mathbb{Q}^{>0} \\ -2x+3\mathbf{-3} &< 5x+3\mathbf{-3} && \\ -2x &< 5x && \mid \mathbf{+2x} \\ -2x\mathbf{+2x} &< 5x\mathbf{+2x} && \\ 0 &< 7x && \mid \text{Seiten vertauschen} \\ 7x &> 0 && \mid \mathbf{:7} \\ \frac{7x}{\mathbf{7}} &> \frac{0}{\mathbf{7}} && \end{aligned}$ $x > 0 \Rightarrow L = \{x \in \mathbb{Q}^{>0} \mid x > 0\}$

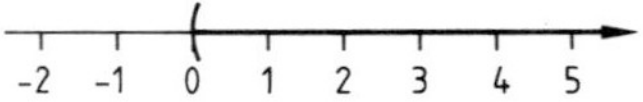

12.3 Lineare Gleichungen

Regel	Erläuterungen, Beispiele
Normalform: $\boxed{a \cdot x + b = 0}$ $a \neq 0,\ b \in \mathbb{R}$ Lösung: $x = -\frac{b}{a}$	• $8x - [3x + (4 - x)] = 4x + 6 \qquad M = \mathbb{R}$ $8x - [3x + 4 - x] = 4x + 6$ $8x - 3x - 4 + x = 4x + 6$ $6x - 4 = 4x + 6$ $6x - 4x - 4 = 4x - 4x + 6$ $2x - 4 = 6$ $2x - 4 + 4 = 6 + 4$ $2x = 10$ $\frac{\not{2}x}{\not{2}} = \frac{10}{2}$ $x = 5 \Rightarrow L = \{5\}$

12.4 Quadratische Gleichungen

Gleichungen, bei denen die Variable x in der zweiten Potenz auftritt, heißen *quadratische Gleichungen* oder *Gleichungen zweiten Grades.*	• $x^2 = 16$ • $2x^2 + 8 = 0$ • $x^2 + ax = b$

Regel	Erläuterungen, Beispiele
Gemischtquadratische Gleichung	
$a \cdot x^2 + b \cdot x + c = 0$ $\quad a, b, c \in \mathbb{R};\; a \neq 0$	• Lösung der Gleichung $2x^2+7x-6=x+2$ mit Hilfe der Lösungsformel:
Die Division dieser Gleichung durch *a* führt auf die *Normalform* der gemischtquadratischen Gleichung.	1. Gleichung auf die Normalform bringen. $2x^2 + 7x - 6 = x + 2 \qquad M = \mathbb{R}$ $2x^2 + 6x - 8 = 0$
$x^2 + px + q = 0$ Normalform	$x^2 + 3x - 4 = 0$ ► Normalform $p = 3; \quad q = -4$
$x_1 = -\frac{p}{2} + \sqrt{\left(\frac{p}{2}\right)^2 - q}$ $x_2 = -\frac{p}{2} - \sqrt{\left(\frac{p}{2}\right)^2 - q}$ Lösungen	2. Lösungsformel anwenden. $x_1 = -\frac{3}{2} + \sqrt{(\frac{3}{2})^2 - (-4)}$ $x_1 = -\frac{3}{2} + \frac{5}{2} = 1$ $x_2 = -\frac{3}{2} - \frac{5}{2} = -4$ $L = \{1, -4\}$

$x^2 + px + q = 0$ ▶ *Normalform*

$x^2 + px = -q \quad \Big| + \left(\frac{p}{2}\right)^2$

$x^2 + px + \left(\frac{p}{2}\right)^2 = -q + \left(\frac{p}{2}\right)^2;$

$\left(\frac{p}{2}\right)^2$ ▶ quadratische Ergänzung

$\left(x + \frac{p}{2}\right)^2 = \left(\frac{p}{2}\right)^2 - q$

$\left|x + \frac{p}{2}\right| = \sqrt{\left(\frac{p}{2}\right)^2 - q}$

$x + \frac{p}{2} = \sqrt{\left(\frac{p}{2}\right)^2 - q}$

$\vee \; -\left(x + \frac{p}{2}\right) = \sqrt{\left(\frac{p}{2}\right)^2 - q}$

Lösungen

- Lösung der Gleichung
  $13x^2 - 22x + 15 = 13 + 10x^2 - 15x$
  mit Hilfe der *quadratischen Ergänzung:*

$13x^2 - 22x + 15 = 13 + 10x^2 - 15x$

$3x^2 - 7x + 2 = 0$

$x^2 - \frac{7}{3}x + \frac{2}{3} = 0$ ▶ Normalform

$x^2 - \frac{7}{3}x + (\frac{7}{6})^2 = -\frac{2}{3} + (\frac{7}{6})^2$

quadratische Ergänzung

$(x - \frac{7}{6})^2 = -\frac{2}{3} + \frac{49}{36}$

$|x - \frac{7}{6}| = \sqrt{-\frac{24}{36} + \frac{49}{36}}$

$|x - \frac{7}{6}| = \sqrt{\frac{25}{36}}$

$|x - \frac{7}{6}| = \frac{5}{6}$

$x - \frac{7}{6} = \frac{5}{6} \quad \vee \quad -(x - \frac{7}{6}) = \frac{5}{6}$

$x = \frac{5}{6} + \frac{7}{6} \quad \vee \quad -\frac{5}{6} + \frac{7}{6}$

$x = 2 \quad \vee \quad x = \frac{1}{3}$

Regel	Erläuterungen, Beispiele
Diskriminante Der Term $\boxed{\left(\frac{p}{2}\right)^2 - q = D}$ heißt *Diskriminante*. Vom Wert der Diskriminante hängt es ab, welche Lösungen die quadratische Gleichung hat. $\boxed{D > 0}$ ergibt genau *zwei* verschiedene reelle Lösungen. $L = \left\{-\frac{p}{2} + \sqrt{\left(\frac{p}{2}\right)^2 - q};\ -\frac{p}{2} - \sqrt{\left(\frac{p}{2}\right)^2 - q}\right\}$	• $x^2 - x - 2 = 0$ $x_1 = \frac{1}{2} + \sqrt{\frac{1}{4} + 2}$ ▶ $D > 0$ $x_1 = 2$ $x_2 = \frac{1}{2} - \sqrt{\frac{1}{4} + 2}$ ▶ $D > 0$ $x_2 = -1$ $L = \{-1, 2\}$
$\boxed{D = 0}$ ergibt genau *eine* (doppelt zählende) reelle Lösung. $L = \left\{-\frac{p}{2}\right\}$	• $x^2 - 6x + 9 = 0$ $x_1 = 3 + \sqrt{3^2 - 9}$ ▶ $D = 0$ $x_1 = 3$ $x_2 = 3 - \sqrt{3^2 - 9}$ ▶ $D = 0$ $x_2 = 3$ $L = \{3\}$

$\boxed{D < 0}$ ergibt *keine* reellen Lösungen, denn aus negativen Zahlen kann man keine Wurzel ziehen. (Es gibt zwei konjugiert *komplexe* Lösungen.) $L = \emptyset$	• $x^2 - 4x + 13 = 0$ $x_1 = 2 + \sqrt{2^2 - 13}$ ▶ $D < 0$ $x_2 = 2 - \sqrt{2^2 - 13}$ ▶ $D < 0$ $L = \emptyset$
Sonderfälle $x^2 + px + q = 0$ für $p = 0$ folgt: $\boxed{x^2 + q = 0}$ reinquadratische Gleichung Lösungen: $\boxed{x_1 = \sqrt{-q} \quad x_2 = -\sqrt{-q}}$ $q \leq 0$ Lösungsmenge: $L = \{\sqrt{-q}, -\sqrt{-q}\}$	• $2x^2 = 32$ $x^2 = 16$ $x^2 - 16 = 0$ $x_1 = \sqrt{16} \quad x^2 = -\sqrt{16}$ $x_1 = 4 \quad x_2 = -4$ $L = \{-4, 4\}$
Für $q = 0$ folgt: $\boxed{x^2 + px = 0}$ Die Lösungen können durch Faktorisieren bestimmt werden. $\boxed{x \cdot (x + p) = 0; \quad x_1 = 0 \ \vee \ x_2 = -p}$ Lösungsmenge: $L = \{0, -p\}$	• $3x^2 - 6x = 0$ $x^2 - 2x = 0$ $x \cdot (x - 2) = 0$ $x = 0 \ \vee \ (x - 2) = 0$ $x_1 = 0 \quad x_2 = 2$ $L = \{0, 2\}$

Regel	Erläuterungen, Beispiele
Satz von Viëta Sind x_1 und x_2 Lösungen der quadratischen Gleichung $x^2 + px + q = 0$, dann gilt: $\boxed{\begin{array}{l} x_1 + x_2 = -p \\ x_1 \cdot x_2 = q \end{array}}$	• $x^2 + px + q = 0$ $\quad L = \{-1, 2\}$; $M = \mathbb{R}$ $x_1 + x_2 = -p \quad x_1 \cdot x_2 = q$ $-1 + 2 = -p \quad (-1) \cdot 2 = q$ $p = -1 \quad q = -2$ $x^2 - x - 2 = 0$ ► Normalform
Zerlegung in Linearfaktoren $\boxed{x^2 - px + q = (x - x_1) \cdot (x - x_2) = 0}$ $\quad p, q \in \mathbb{R}$; $D \geq 0$ x_1 und x_2 sind die Lösungen der quadratischen Gleichung $x^2 + px + q = 0$.	• $x^2 + px + q = 0$ $(x - x_1) \cdot (x - x_2) = 0$ $[x - (-1)] \cdot [x - 2] = 0$ $x^2 - x - 2 = 0$

12.5 Bruchgleichungen

Regel	Erläuterungen, Beispiele
Lösungsweg bei Bruchgleichungen	
Eine Gleichung mit mindestens einem Bruchterm heißt *Bruchgleichung*.	• $\frac{8}{10x} - \frac{7}{10x} = \frac{2}{20}$ $M = \mathbb{Q}$
1. Die Definitionsmenge D bestimmen.	1. $D = \mathbb{Q}^{+0}$
2. Den Hauptnenner bestimmen.	2. Hauptnenner: $20x$
3. Alle Brüche der Gleichung auf den Hauptnenner erweitern.	3. $\frac{2 \cdot 8}{20x} - \frac{2 \cdot 7}{20x} = \frac{2 \cdot x}{20x}$
4. Alle Brüche der Gleichung mit dem Hauptnenner multiplizieren.	4. $\frac{2 \cdot 8 \cdot 20x}{20x} - \frac{2 \cdot 7 \cdot 20x}{20x} = \frac{2x \cdot 20x}{20x}$
5. Die Brüche kürzen.	5. $\frac{2 \cdot 8 \cdot \cancel{20x}}{\cancel{20x}} - \frac{2 \cdot 7 \cdot \cancel{20x}}{\cancel{20x}} = \frac{2x \cdot \cancel{20x}}{\cancel{20x}}$
6. Die so entstandene Gleichung wie üblich lösen.	6. $16 - 14 = 2x$ $2 = 2x$ $x = 1$
7. Die Lösungsmenge L angeben.	7. $L = \{1\}$

12.6 Wurzelgleichungen

Regel	Erläuterungen, Beispiele
Lösungsweg bei Wurzelgleichungen Gleichungen mit Variablen unter dem Wurzelzeichen heißen *Wurzelgleichungen.*	• $\sqrt{x+104} = \sqrt{x} + 8 \quad M = \mathbb{R}^{\geq 0}$
1. Die Definitionsmenge D bestimmen	1. $D = \mathbb{R}_+$
2. Gleichung durch (evtl. mehrmaliges) Quadrieren so umformen, dass keine Variable mehr unter dem Wurzelzeichen steht.	2. $\sqrt{x+104} = \sqrt{x} + 8$ $(\sqrt{x+104})^2 = (\sqrt{x} + 8)^2$
3. Die entstandene Gleichung lösen.	3. $x + 104 = x + 16\sqrt{x} + 64$ $\sqrt{x} = \frac{40}{16} = \frac{5}{2}$ $(\sqrt{x})^2 = (\frac{5}{2})^2$ $x = \frac{25}{4}$
4. Probe.	4. $\sqrt{\frac{25}{4} + 104} = \sqrt{\frac{25}{4}} + 8$ $\sqrt{\frac{441}{4}} = \frac{5}{2} + 8$ $\frac{21}{2} = \frac{21}{2}$
5. Lösungsmenge L angeben.	5. $L = \{\frac{25}{4}\}$

Bei Wurzelgleichungen ist das Quadrieren nicht immer eine Äquivalenzumformung, sodass Lösungen hinzu kommen können. Eine Probe ist daher erforderlich.

12.7 Exponentialgleichungen

Regel	Erläuterungen, Beispiele
Lösungsweg bei Exponentialgleichungen Steht die *Lösungsvariable* einer Gleichung im *Exponenten*, so heißt die Gleichung *Exponentialgleichung*. Sie läßt sich mit Hilfe der *Logarithmenrechnung* lösen. $a^x = b \Leftrightarrow x = \log_a b \quad a \in \mathbb{R}^{>0} \setminus \{1\};\ b \in \mathbb{R}^{>0}$ 1. Gleichung logarithmieren. Die Lösungsvariable wird dadurch im Exponenten beseitigt. 2. Neue Gleichung nach x auflösen und ausrechnen. 3. Lösungsmenge L angeben.	• $a^{nx+b} = c$ 1. $(nx + b) \cdot \lg a = \lg c$ 2. $nx + b = \frac{\lg c}{\lg a}$ $nx = \frac{\lg c}{\lg a} - b$ 3. $x = \frac{1}{n}\left(\frac{\lg c}{\lg a} - b\right)$ $L = \left\{\frac{1}{n}\left(\frac{\lg c}{\lg a} - b\right)\right\}$

Regel	Erläuterungen, Beispiele
1. Gleichung logarithmieren. Die Lösungsvariable wird dadurch im Exponenten beseitigt. 2. Neue Gleichung nach x auflösen und ausrechnen. 3. Lösungsmenge L angeben.	• $4^{2x} = 256$ 1. $2x \cdot \lg 4 = \lg 256$ 2. $2x \cdot 0{,}6021 = 2{,}4082$ $2x = \frac{2{,}4082}{0{,}6021}$ 3. $x = \frac{2{,}4082}{2 \cdot 0{,}6021} = \frac{2{,}4082}{1{,}2042}$ $L = \{2\}$

12.8 Proportionen (Verhältnisgleichungen)

Regel	Erläuterungen, Beispiele
Die Differenz zweier gleichbenannter Größen heißt *arithmetisches Verhältnis.*	• 12 kg – 4 kg = 8 kg ▶ *arithmetisches Verhältnis*

Der Quotient zweier gleichbenannter Größen heißt *geometrisches Verhältnis*.	$\frac{12\,\text{kg}}{4\,\text{kg}} = \frac{12}{4} = 3$. ▶ *geometrisches Verhältnis*
Eine Gleichung zwischen zwei Verhältnissen heißt *Verhältnisgleichung* oder *Proportion*. $a : b = c : d$ *oder* $\frac{a}{b} = \frac{c}{d}$ $a, b, c, d \neq 0$ gelesen: „*a* verhält sich zu *b* wie *c* zu *d*“	• Proportion: $1 : 2 = 4 : 8$ *oder* $\frac{1}{2} = \frac{4}{8}$ Bezeichnungen: Außenglieder $a : b = c : d$ Innenglieder
In jeder Proportion ist das *Produkt der Außenglieder* gleich dem *Produkt der Innenglieder*. Innenglieder $\mathbf{a : b = c : d}$ Außenglieder $\Rightarrow a \cdot d = b \cdot c;$ $a, b, c, d \neq 0$	• $5 : 23 = 15 : 69$ $\Rightarrow 5 \cdot 69 = 23 \cdot 15$

Regel	Erläuterungen, Beispiele
Fortlaufende Proportion	
$a:n:c=b:x:d$ $a:b=n:x$ $c:d=a:b$ $n:x=c:d$ usw.	• $1:3:4=2:6:8$ $1:2=3:6$ $4:8=1:2$ $3:6=4:8$ usw.
$\frac{a+b+c}{d+e+f}=\frac{a}{d}=\frac{b}{e}=\frac{c}{f}$	$\frac{1+3+4}{2+6+8}=\frac{1}{2}=\frac{3}{6}=\frac{4}{8}$
Ist der Quotient entsprechender Größen oder Zahlenreihen konstant, so heißen die Größen oder Zahlenreihen *proportional* zueinander. $\frac{a_1}{b_1}=\frac{a_2}{b_2}$ *proportional* $\frac{a_n}{b_n}=q$ *Proportionalitätsfaktor*	Beispiele für Proportionalität: • *Arbeitszeit und Arbeitslohn* (*bei gleichem Stundenlohn*) • *Preis und Warenmenge* (*bei gleicher Qualität der Ware*) • *Fahrpreis und Fahrstrecke* (*bei gleichem Kilometerfahrpreis*) • *Umfang und Durchmesser beim Kreis* $a \sim b$ gelesen: „a proportional b“

Ist das Produkt entsprechender Größen oder Zahlenreihen konstant, so heißen die Größen oder Zahlenreihen *antiproportional* zueinander.

$$a_1 \cdot b_1 = a_2 \cdot b_2 \Rightarrow a_1 : a_2 = \frac{1}{b_1} : \frac{1}{b_2}$$ *antiproportional*

$$a_n \cdot b_n = q$$ *Proportionalitätsfaktor*

Beispiele für Antiproportionalität:

- *Arbeitszeit und Anzahl der Arbeiter (bei gleichem Arbeitsumfang)*
- *Umdrehungszahl und Radumfang*
- *Kraft und Hebelarmlänge*

$a \sim \frac{1}{b}$ gelesen: „a antiproportional b"

Arithmetisches Mittel

Das arithmetische Mittel einer Anzahl von Zahlen ist der Quotient aus ihrer Summe und ihrer Anzahl.

$$m_a = \frac{a+b}{2}; \quad m_a = \frac{a_1 + a_2 + a_3 + \cdots + a_n}{n}$$

arithmetisches Mittel

- Arithmetisches Mittel von 3, 5, 7

$$m_a = \frac{3+5+7}{3} = \frac{15}{3} = 5$$

Regel	Erläuterungen, Beispiele
Geometrisches Mittel *Das geometrische Mittel oder die mittlere Proportionale zwischen zwei Zahlen ist die Quadratwurzel aus ihrem Produkt.* $m_g = \sqrt{a \cdot b}; \quad m_g = \sqrt[n]{a_1 \cdot a_2 \cdot \ldots \cdot a_n}$ *geometrisches Mittel* $a_k > 0$	• Geometrisches Mittel von 3, 5, 7 $m_g = \sqrt[3]{3 \cdot 5 \cdot 7} = \sqrt[3]{105} = 4{,}72$
Harmonisches Mittel *Das harmonische Mittel zwischen zwei Zahlen ist der Quotient zwischen ihrem doppelten Produkt und ihrer Summe.* $m_h = \frac{2ab}{a+b}$ *harmonisches Mittel*	• Harmonisches Mittel von 2 und 6 $m_h = \frac{2 \cdot 2 \cdot 6}{2+6} = \frac{24}{8} = 3$

12.9 Lineare Gleichungssysteme

Regel	Erläuterungen, Beispiele
Um lineare Gleichungen mit *n Variablen* eindeutig zu bestimmen, sind *n unabhängige* und einander *nicht widersprechende* Gleichungen erforderlich. Diese *n* Gleichungen bilden ein *Gleichungssystem.*	• $x + 2y = 12$; $4x + 2y = 18$; $x = 2;\ y = 5$ — System von zwei Gleichungen mit zwei Variablen
Die gemeinsame *Lösungsmenge* eines linearen Gleichungssystems muss *alle* Gleichungen bezüglich einer gegebenen Grundmenge *M erfüllen.*	
Zur Lösung eines linearen Gleichungssystems werden die *n* Gleichungen mit den *n* Variablen schrittweise auf eine Gleichung mit einer Variablen reduziert. Danach können schrittweise die anderen Variablen bestimmt werden.	• $2x + 3y - z = 5$; $4x + 5z - y = 17$; $6y + 7z - x = 32$ — System von drei Gleichungen mit drei Variablen

Regel	Erläuterungen, Beispiele
Additionsmethode Man *multipliziert die beiden Seiten* jeder Gleichung des Gleichungssystems mit einem geeigneten Faktor, sodass die Koeffizienten *einer* Variablen den gleichen Betrag, aber entgegengesetzte Vorzeichen haben. Dann addiert man die beiden Gleichungen; es entsteht *eine* Gleichung mit *einer* Variablen.	• $\begin{array}{rl} 15x + 2y = 126 & \vert \cdot 2 \\ 3x - 4y = 12 & \vert \end{array}$ $+\begin{array}{r} 30x + 4y = 252 \\ 3x - 4y = 12 \end{array}$ $33x = 264$ $x = 8$ $3 \cdot 8 - 4y = 12$ $y = 3 \qquad L = \{(8,3)\}$
Gleichsetzungsmethode Bei dieser Methode werden beide Gleichungen des Gleichungssystems nach einer Variablen umgeformt und dann gleichgesetzt. Die entstehende Gleichung mit einer Variablen wird wie üblich gelöst.	• $15x + 2y = 126$ $3x - 4y = 12$ $x = \frac{126 - 2y}{15}$ $x = \frac{12 + 4y}{3}$ $\frac{126 - 2y}{15} = \frac{12 + 4y}{3}$

Um die zweite Variable zu berechnen, setzt man den ausgerechneten Term in eine der beiden Gleichungen ein. Dabei immer die einfachste Gleichung wählen.

$$126 - 2y = 5 \cdot (12 + 4y)$$
$$y = 3$$
$$x = \frac{12 + 4 \cdot 3}{3} = \frac{24}{3} = 8$$
$$L = \{(8, 3)\}$$

Einsetzungsmethode

Hierbei löst man eine Gleichung nach einer Variablen auf und setzt den erhaltenen Term in die andere Gleichung ein. Man erhält wiederum eine Gleichung mit einer Variablen, die berechnet werden kann. Die zweite Variable wird durch Einsetzen des bereits berechneten Terms berechnet.

- $$\begin{aligned} 15x + 2y &= 126 \\ 3x - 4y &= 12 \end{aligned}$$

$$x = \frac{12 + 4y}{3}$$
$$15 \cdot x + 2y = 126$$
$$15 \cdot \frac{12 + 4y}{3} + 2y = 126$$
$$5 \cdot (12 + 4y) + 2y = 126$$
$$60 + 20y + 2y = 126$$
$$y = 3$$
$$x = \frac{12 + 4 \cdot 3}{3} = \frac{24}{3} = 8$$
$$L = \{(8, 3)\}$$

Regel	Erläuterungen, Beispiele

Gleichungssysteme mit drei Variablen

Bei *drei Gleichungen* mit *drei Variablen* muss man versuchen, diese drei Gleichungen zunächst in *zwei Gleichungen* mit *zwei Variablen* umzuwandeln.
Mit Hilfe der Additionsmethode bildet man aus der ersten und zweiten Gleichung und aus der ersten und dritten Gleichung zwei neue Gleichungen. Diese beiden neuen Gleichungen mit zwei Variablen werden auch mit Hilfe der Additionsmethode gelöst.
Durch Einsetzen des jeweils erhaltenen Terms in die andere Gleichung werden die übrigen Variablen berechnet.

•

$$\begin{array}{ll} \text{I.} & 2x+3y-z=5 \\ \text{II.} & 4x+5z-y=17 \\ \text{III.} & 6y+7z-x=32 \end{array}$$

$$\begin{array}{ll} \text{I.} & 2x+3y-z=5 \\ \text{II.} & 4x-y+5z=17 \quad |\cdot 3 \\ \hline + & 2x+3y-z=5 \\ & 12x-3y+15z=51 \\ \hline & 14x \qquad +14z=56 \end{array} \qquad \begin{array}{ll} 2x+3y-z=5 & |\cdot(-2) \quad \text{I.} \\ -x+6y+7z=32 & \qquad\qquad \text{II.} \\ \hline -4x-6y+2z=-10 & + \\ -x+6y+7z=32 & \\ \hline -5x \qquad +9z=22 & \end{array}$$

$$\begin{array}{lr} & 14x+14z=56 \quad |\cdot 5 \\ & -5x+9z=22 \quad |\cdot 14 \\ \hline + & 70x+70z=280 \\ & -70x+126z=308 \\ \hline \end{array}$$

$$196z=588 \;\Rightarrow\; z=3$$

$$-5x+9\cdot 3=22, \;\Rightarrow\; x=1$$

$$2\cdot 1+3y-3=5 \;\Rightarrow\; y=2$$

$$L=\{(1,2,3)\}$$

13. Dreisatz

Regel	Erläuterungen, Beispiele

Einfacher Dreisatz mit geradem Verhältnis (proportional)

Beim *Dreisatzrechnen* unterscheidet man in der Regel *drei Rechenschritte* (*Drei*satz).

Beim einfachen Dreisatz mit geradem Verhältnis ändert sich die eine Größe im gleichen Verhältnis wie die andere Größe. Die Größen verhalten sich proportional.

1. Der *Aussagesatz* geht von der in der Aufgabe gegebenen Größe aus.
2. Der *Zwischensatz* schließt von dieser Größe auf die Einheit.
3. Der *Schlusssatz* schließt dann auf die neue Mehrheit.

Je mehr, desto mehr.

Je weniger, desto weniger.

- Ein Handwerker verdient bei 45stündiger Arbeitszeit 747,– DM. Wie viel DM hat er nach 20 Stunden verdient?

1. *Aussagesatz*

   45 Stunden ► 747,00 DM

2. *Zwischensatz*

   1 Stunde ► $\frac{747{,}00\ \text{DM}}{45\ \text{h}}$

3. *Schlußsatz*

   20 Stunden ► $\frac{747{,}00\ \text{DM}}{45\ \text{h}} \cdot 20$

   $= 332{,}–$ DM

Der Arbeitslohn steigt im gleichen Verhältnis zur Arbeitszeit. Im Zwischensatz wird dividiert; im Schlusssatz wird multipliziert.

Regel	Erläuterungen, Beispiele

Einfacher Dreisatz mit umgekehrtem Verhältnis (antiproportional)

Beim einfachen Dreisatz mit umgekehrtem Verhältnis nimmt die eine Größe in einem bestimmten Verhältnis zu, während die andere Größe im gleichen Verhältnis abnimmt.

Je mehr, desto weniger.

Je weniger, desto mehr.

- Das Umpflügen eines Feldes dauert mit zwei Pflügen 18 Stunden. Wie viel Stunden sind beim Einsatz von drei Pflügen erforderlich?

  Aussagesatz: Mit zwei Pflügen dauert die Arbeit 18 Stunden.

  2 Pflüge ▶ 18 Stunden

  Zwischensatz: Mit einem Pflug würde die Arbeit dauern:

  1 Pflug ▶ $2 \cdot 18$ Stunden

  Schlusssatz: Mit drei Pflügen dauert die Arbeit:

  3 Pflüge ▶ $\frac{2 \cdot 18}{3} = 12$ Stunden

  Mit der Anzahl der Pflüge sinkt die benötigte Arbeitszeit. Im Zwischensatz wird multipliziert; im Schlusssatz wird dividiert.

Zusammengesetzter Dreisatz

Zusammengesetzte Dreisätze bestehen aus mehreren einfachen Dreisätzen mit geradem und/oder umgekehrtem Verhältnis.

- 13 Arbeiter verdienen in 6 Tagen bei 8stündiger Arbeitszeit 2620,80 DM. Wie viel DM verdienen 9 Arbeiter in 26 Tagen bei $7\frac{1}{2}$stündiger Arbeitszeit?

1. Aussagesatz:	13 Arb. in 6 Tg. bei 8 Std.	2620,80 DM
2. Schluss auf die 1. Einheit:	1 Arb. in 6 Tg. bei 8 Std.	$\frac{2620,80}{13}$ DM
3. Schluss auf die 2. Einheit:	1 Arb. in 1 Tg. bei 8 Std.	$\frac{2620,80}{13 \cdot 6}$ DM
4. Schluss auf die 3. Einheit:	1 Arb. in 1 Std.	$\frac{2620,80}{13 \cdot 6 \cdot 8}$ DM
5. Schluss auf die 1. gesuchte Größe:	9 Arb. in 1 Std.	$\frac{2620,80 \cdot 9}{13 \cdot 6 \cdot 8}$ DM
6. Schluss auf die 2. gesuchte Größe:	9 Arb. in $7\frac{1}{2}$ Std.	$\frac{2620,80 \cdot 9 \cdot 7,5}{13 \cdot 6 \cdot 8}$ DM
7. Schluss auf die 3. gesuchte Größe:	9 Arb. in 26 Tg. bei $7\frac{1}{2}$ Std.	$\frac{2620,80 \cdot 9 \cdot 7,5 \cdot 26}{13 \cdot 6 \cdot 8}$ DM
usw.		= 7371,– DM

14. Prozentrechnung – Zinsrechnung

Regel	Erläuterungen, Beispiele
$1\,\%$ (vom Hundert) $= \frac{1}{100}$ des Grundwertes $p\,\%$ (vom Hundert) $= \frac{p}{100}$ des Grundwertes Für den Prozentwert P, den Prozentsatz p und den Grundwert G gilt: $P : p = G : 100$ *Formelumstellungen:* $p = \frac{P \cdot 100}{G}$ ► Prozentsatz $P = \frac{G \cdot p}{100}$ ► Prozentwert $G = \frac{P \cdot 100}{p}$ ► Grundwert	• Wie viel Prozent sind 45 DM von 560 DM? Grundwert $G = 560$ DM Prozentwert $P = 45$ DM Gesucht: Prozentsatz p $\frac{P}{p} = \frac{G}{100}$ ► $p = \frac{P \cdot 100}{G}$ $p = \frac{45\text{ DM} \cdot 100}{560\text{ DM}}$ $p = 8{,}04\,\%$ • Wie viel Kilogramm Titan sind in 275 kg einer Stahllegierung, wenn der Titangehalt 4% beträgt? Grundwert $G = 275$ kg Prozentsatz $p = 4\,\%$ Gesucht: Prozentwert P $P = \frac{G \cdot p}{100} = \frac{275\text{ kg} \cdot 4}{100} = 11\text{ kg}$

Für die Promillerechnung gilt:

$1‰$ (vom Tausend) $= \frac{1}{1000}$ des Grundwertes

$p‰$ (vom Tausend) $= \frac{p}{1000}$ des Grundwertes

$$P : p = G : 1000$$

- Eine Versicherungsabschlussgebühr von 270 DM entspricht 3‰ der Versicherungssumme. Wie hoch ist die Versicherungssumme?

$$\frac{P}{p} = \frac{G}{1000} \quad ▶ \quad G = \frac{P \cdot 1000}{p} = \frac{270 \text{ DM} \cdot 1000}{3} = 90000 \text{ DM}$$

Die Zinsrechnung entspricht der Prozentrechnung. Neben Grundwert, Prozentsatz und Prozentwert kommt als vierte Größe die Zeit hinzu.

Zinssatz $p \mathrel{\widehat{=}}$ Prozentsatz p
Zinsen $Z \mathrel{\widehat{=}}$ Prozentwert P
Kapital $K \mathrel{\widehat{=}}$ Grundwert G
Zeit t 1 Jahr $\mathrel{\widehat{=}}$ 12 Monate (*mo*)
$\mathrel{\widehat{=}}$ 360 Tage (*d*)

Grundformel: $Z = \frac{K \cdot p \cdot t}{100}$

- Wie viel DM Zinsen bringen 2400 DM in drei Jahren bei einem Zinssatz von 6,5%?

$$Z = \frac{K \cdot p \cdot t}{100} = \frac{2400 \text{ DM} \cdot 6{,}5 \cdot 3}{100} = 468 \text{ DM}$$

- Für 8000 DM werden in einem Jahr 700 DM Zinsen gezahlt. Wie hoch ist der Zinssatz?

$$p = \frac{100 \cdot Z}{K \cdot t} = \frac{100 \cdot 700 \text{ DM}}{8000 \text{ DM} \cdot 1} = 8{,}75\,\%$$

Regel	Erläuterungen, Beispiele
Formelumstellungen: $K = \frac{100 \cdot Z}{p \cdot t}$ $p = \frac{100 \cdot Z}{K \cdot t}$ $t = \frac{100 \cdot Z}{K \cdot p}$ Rechnet man bei der Zeit t mit Monaten (*mo*), gelten folgende Formeln: $Z = \frac{K \cdot p \cdot mo}{100 \cdot 12}$ ▶ *mo*: in Monaten *Formelumstellungen:* $p = \frac{100 \cdot Z \cdot 12}{K \cdot mo}$ $K = \frac{100 \cdot Z \cdot 12}{p \cdot mo}$ $mo = \frac{100 \cdot Z \cdot 12}{K \cdot p}$	• In wie viel Jahren bringen 44000 DM Zinsen von 6930 DM? Der Zinssatz ist 9%. $t = \frac{100 \cdot Z}{K \cdot p} = \frac{100 \cdot 6930\ \text{DM}}{44000\ \text{DM} \cdot 9}$ $= 1{,}75$ Jahre $\triangleq$ 1 Jahr 9 mo • Wie viel DM Zinsen bringen 2450 DM bei einem Zinssatz von 4% in 5 Monaten? $Z = \frac{K \cdot p \cdot mo}{100 \cdot 12} = \frac{2450\ \text{DM} \cdot 4 \cdot 5}{100 \cdot 12}$ $= 40{,}83$ DM
Rechnet man bei der Zeit t mit Tagen (d), gelten folgende Formeln: $Z = \frac{K \cdot p \cdot d}{100 \cdot 360}$ ▶ *d*: in Tagen	• Welches Kapital ist notwendig, um in 272 Tagen 1000 DM Zinsen zu bekommen? Der Zinssatz ist 8%. $K = \frac{100 \cdot Z \cdot 360}{p \cdot d} = \frac{100 \cdot 1000\ \text{DM} \cdot 360}{8 \cdot 272}$ $= 16544{,}12$ DM

Formelumstellungen: $p = \frac{100 \cdot Z \cdot 360}{K \cdot d}$ $K = \frac{100 \cdot Z \cdot 360}{p \cdot d}$ $mo = \frac{100 \cdot Z \cdot 360}{K \cdot p}$	

15. Funktionen

15.1 Relationen – Funktionen

Regel	Erläuterungen, Beispiele
Relationen Eine *Relation* R zwischen zwei Mengen A und B ist eine *Teilmenge* der Produktmenge $A \times B$.	• Gegeben sind die Mengen $A = \{2, 4, 5\}$ und $B = \{11, 12, 13, 14, 15\}$.

Regel	Erläuterungen, Beispiele
Die Menge aller geordneten Paare (x, y) aus der Produktmenge $A \times B$, die beim Einsetzen in die *Zuordnungsvorschrift* (Aussageform) wahre Aussagen ergeben, ist die Relation R. Bei einer Relation werden die Elemente zweier Mengen auf Grund einer *Zuordnungsvorschrift* einander *zugeordnet*.	Zuordnungsvorschrift: „*… ist Teiler von …*" 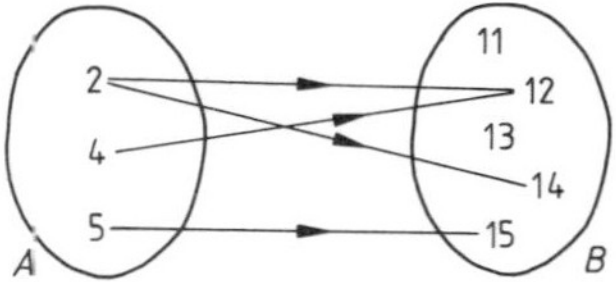 Relation: $R = \{(2, 12), (2, 14), (4, 12), (5, 15)\}$

Darstellung von Relationen

Relationen können auf verschiedene Weise dargestellt bzw. veranschaulicht werden.

- Gegeben sind die Mengen $A = \{1, 2, 3, 4\}$ und $B = \{2, 3, 5\}$. Zu bestimmen ist die Menge aller geordneten Paare (x, y) mit $x \in A$ und $y \in B$, für die gilt, $x < y$.

1. Darstellung in *aufzählender Form:*

$R = \{(1,2),(1,3),(1,5),(2,3),(2,5),(3,5),(4,5)\}$

2. Darstellung in *beschreibender Form:*

$R = \{(x,y) \mid x < y \ \wedge \ x \in A \ \wedge \ y \in B\}$

gelesen: „R ist die Menge aller Paare (x, y), für die gilt: $x < y$ und $x \in A$ und $y \in B$".

3. Darstellung in *Tabellenform:*

x	1	1	1	2	2	3	4
y	2	3	5	3	5	5	5

4. Darstellung in einem *Koordinatensystem:*

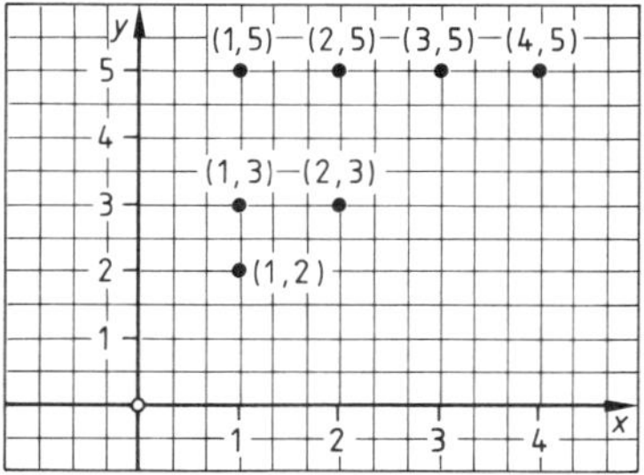

Regel	Erläuterungen, Beispiele
Definitionsmenge (Definitionsbereich) Unter der *Definitionsmenge D* oder dem Definitionsbereich einer Relation versteht man die Menge aller Elemente einer Grundmenge M_1, die die *x-Komponenten* der Paare bilden. **Wertemenge (Wertebereich)** Unter der *Wertemenge W* oder dem Wertebereich einer Relation versteht man die Menge aller Elemente einer Grundmenge M_2, die die *y-Komponenten* der Paare bilden.	• Darstellung durch ein Pfeildiagramm 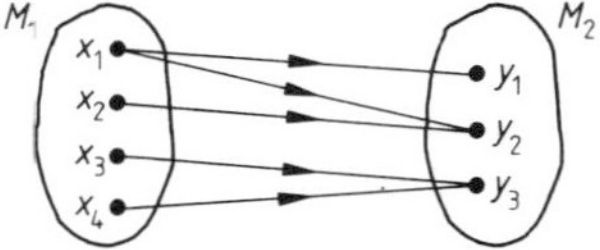 *Definitionsmenge D* *Wertemenge W*
Funktionen Eine Funktion ist eine spezielle Relation. Eine Relation zwischen zwei Mengen M_1 und M_2 heißt dann *Funktion* von M_1 in M_2, wenn *jedem* Element x aus M_1 *nur ein* Element aus M_2 zugeordnet ist (*eindeutige Relation*). Im Pfeildiagramm geht von jedem Element der Definitionsmenge nur ein Pfeil aus.	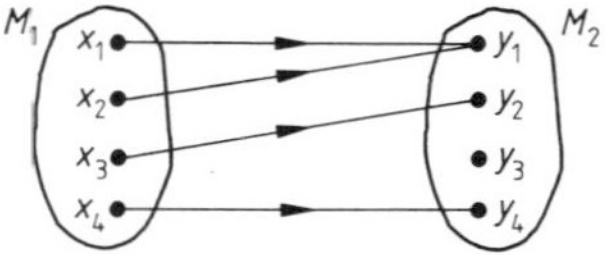 Definitionsmenge *D* Wertemenge *W*

Schreibweise von Funktionen Als *reelle Funktionen* bezeichnet man Funktionen, bei denen Definitions- und Wertebereich Teilmengen von $\mathbb{R}$ sind. Es ist üblich, Funktionen mit kleinen Buchstaben zu bezeichnen. Bei einem Paar (x, y) aus einer Funktion f heißt x *Argument* der Funktion und y *Funktionswert an der Stelle* x oder kurz *Funktionswert von* x; statt y schreibt man auch $f(x)$.	Funktionsbezeichnungen: $f, g, h, \ldots$ Funktion $f = \{(x, y) \mid x \in D \wedge y \in W\}$ $(x, y) \in f$ Argument (x) — Funktionswert von x (y)
Besonders wichtig sind diejenigen reellen Funktionen, bei denen sich der Funktionswert von x durch einen Funktionsterm $t(x)$ angeben läßt. Fehlen Angaben über den Definitionsbereich, so ist in der Regel als Definitionsbereich diejenige Teilmenge von $\mathbb{R}$ gemeint, für die $t(x)$ definiert ist.	Funktion: $\{(x, y) \mid y = t(x);\ x \in D\}$ $t(x)$: Funktionsterm — D: Definitionsbereich Funktionsgleichung: $y = t(x)$ • $f: x \mapsto x^2 + 1;\ x \geq 0$ Funktionsbezeichnung: f Funktionsterm: $x^2 + 1 = f(x)$ Definitionsbereich: $D(f) = \{x \mid x \geq 0\}$ Funktionsgleichung: $y = x^2 + 1$

Regel	Erläuterungen, Beispiele

Darstellung von Funktionen

- Wie bei der Relation gibt es auch für eine Funktion verschiedene Darstellungsmöglichkeiten.

1. Darstellung durch eine *Gleichung*: $y = 2x + 3$; $y = f(x)$
2. Darstellung durch eine Paarmenge:
   a) in *aufzählender Form* $f = \{(1,5), (2,7), (3,9), (4,11), \dots\}$
   b) in *beschreibender Form* $f = \{(x, y) \mid y = 2x + 3;\ x \in \mathbb{N}^{>0}\}$
3. Darstellung durch ein *Pfeildiagramm*:
   Bei der Zuordnung durch Pfeile werden die Elemente der Mengen zu einer Menge von „geordneten Paaren" verbunden. Diese Art der Darstellung ist nur bei einer geringen Anzahl von Elementen geeignet.

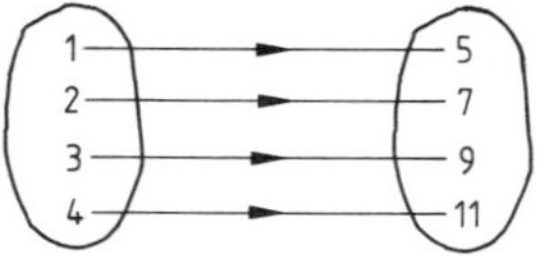

4. Darstellung in *Tabellenform*:
   Jedem x-Wert ist ein y-Wert zugeordnet. Auch diese Art der Darstellung ist nur bei einer geringen Anzahl von Paaren geeignet.

x	1	2	3	4	Definitionsmenge
$y = f(x)$	5	7	9	11	Wertemenge

5. Darstellung in einem *Koordinatensystem:*

Die graphische Darstellung einer Funktion ist übersichtlicher und instruktiver.

Die Gerade ist der Graph der Funktion

$f = \{(x, y) \mid y = 2x + 3 \wedge x \in \mathbb{R} \wedge y \in \mathbb{R}\}$.

Jeder x-Koordinate eines Punktes ist eine y-Koordinate zugeordnet. Diese Darstellungsart eignet sich für unbegrenzt viele Punkte und wird *hauptsächlich* für die Veranschaulichung von Funktionen verwendet.

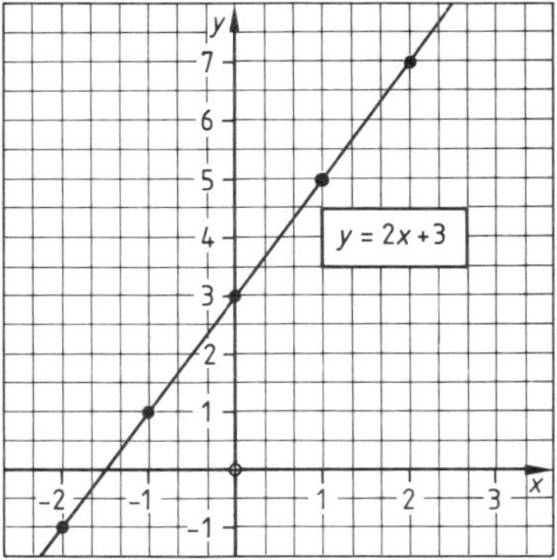

15.2 Lineare Funktionen

Regel	Erläuterungen, Beispiele
Die lineare Funktion $f: x \mapsto m \cdot x$ Der Graph der Funktion $f: x \mapsto m \cdot x$ mit der Funktionsgleichung $y = m \cdot x$; $m \in \mathbb{R}$ ist eine Gerade mit der Steigung m, die durch den Koordinatenursprung verläuft.	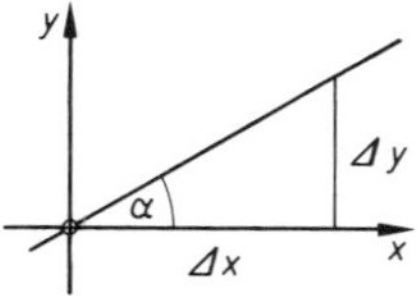 $\frac{\Delta y}{\Delta x} = m = \tan \alpha$ m: Steigungsfaktor der Geraden α: Steigungswinkel der Geraden, gebildet von der Geraden und der positiven x-Achse

Der Steigungsfaktor m bei der linearen Funktionsgleichung $y = m \cdot x$ entscheidet über den Verlauf der Geraden.

$m > 0$ Die Gerade verläuft durch die Quadranten I und III, sie *steigt*. ($\alpha < 90°$)

$m < 0$ Die Gerade verläuft durch die Quadranten II und IV, sie *fällt*. ($\alpha > 90°$)

$m = 0$ Die Gerade fällt mit der x-Achse zusammen, sie verläuft *waagerecht*.

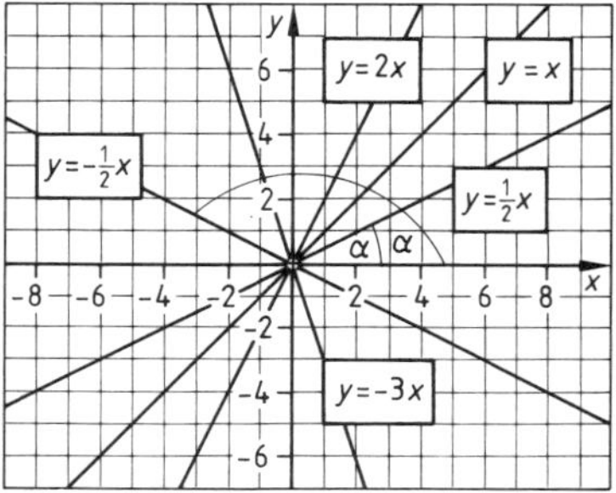

Regel	Erläuterungen, Beispiele

Die lineare Funktion $f: x \mapsto m \cdot x + b$

Der Graph der Funktion $f: x \mapsto m \cdot x + b$ mit der Funktionsgleichung $y = m \cdot x + b$; $b, m \in \mathbb{R}$ ist im Koordinatensystem eine *Gerade* (lineare Funktion) mit der *Steigung m* und dem *Abschnitt b* auf der *y*-Achse.

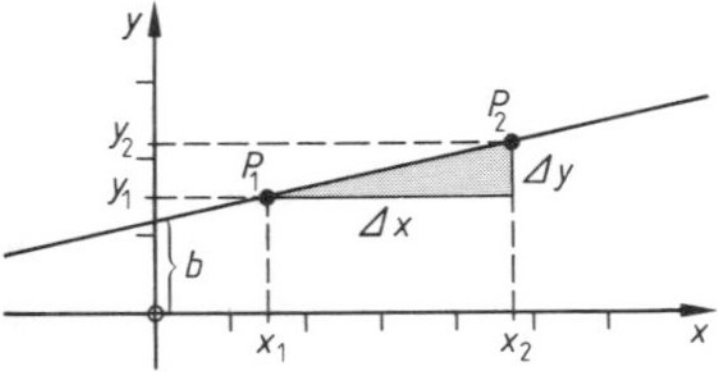

$$m = \frac{\Delta y}{\Delta x} = \frac{y_2 - y_1}{x_2 - x_1}$$

In der Normalform $y = m \cdot x + b$ gibt b an, an welcher Stelle die Gerade die *y*-Achse schneidet.

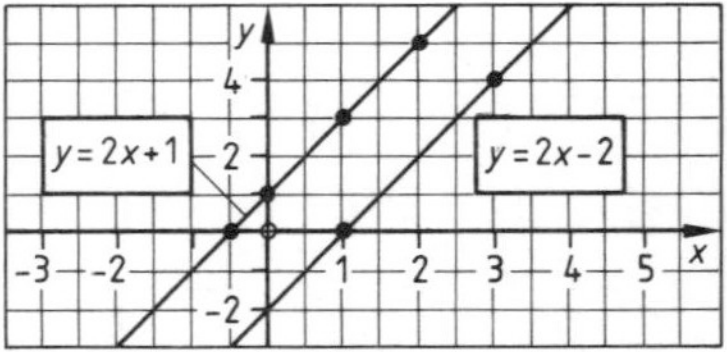

allgemeine Form der linearen Gleichung:

$Ax + By + C = 0$ $\quad A, B, C \in \mathbb{R}$

wenn $B \neq 0$ ► $y = -\frac{A}{B}x - \frac{C}{B}$

$m = -\frac{A}{B}$ *Steigung* $\quad b = -\frac{C}{B}$ *y-Abschnitt*

15.3 Quadratische Funktion (Parabel)

Regel	Erläuterungen, Beispiele

Die quadratische Funktion $f: x \mapsto x^2$

Der Graph der Funktion $f: x \mapsto x^2$ mit der Funktionsgleichung

$$y = x^2; \quad x \in \mathbb{R}$$

ist eine *Normalparabel*, deren Scheitelpunkt im Koordinatenursprung liegt.

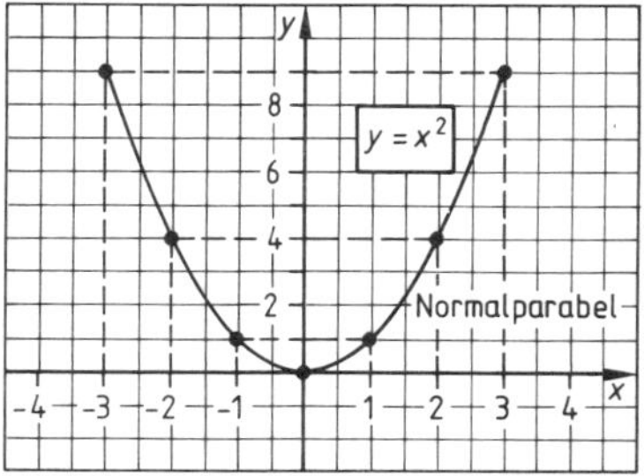

Scheitelpunkt

Regel	Erläuterungen, Beispiele
Die Funktion $f: x \mapsto m \cdot x^2$ Der Graph der Funktion $f: x \mapsto m \cdot x^2$ mit der Funktionsgleichung $y = m \cdot x^2; \quad x \in \mathbb{R};\ m \in \mathbb{R} \setminus \{0\}$ ist eine *Parabel*, deren Scheitelpunkt im Koordinatenursprung liegt. $m = 1$ Normalparabel $\lvert m \rvert > 1$ Die Parabel ist in y-Richtung gestreckt. $\lvert m \rvert < 1$ Die Parabel ist in y-Richtung gestaucht. $m > 0$ Die Parabel ist nach oben geöffnet. $m < 0$ Die Parabel ist nach unten geöffnet.	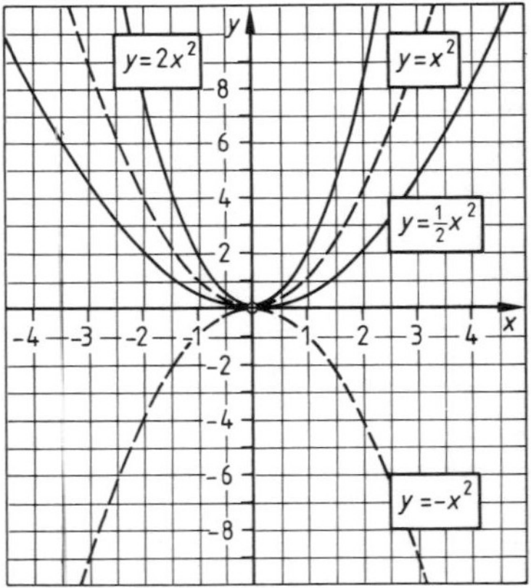

Die Funktion $f: x \mapsto x^2 + b$

Der Graph der Funktion $f: x \mapsto x^2 + b$ mit der Funktionsgleichung

$$y = x^2 + b; \quad x, b \in \mathbb{R}$$

ist eine *Normalparabel*, die um b *gegenüber der Parabel* mit der Gleichung $y = x^2$ *verschoben* ist. Die Verschiebung erfolgt längs der y-Achse. Das Vorzeichen von b bestimmt die Richtung der Verschiebung ($b > 0$ nach oben, $b < 0$ nach unten). Der Scheitelpunkt hat die Koordinaten $S(0, b)$.

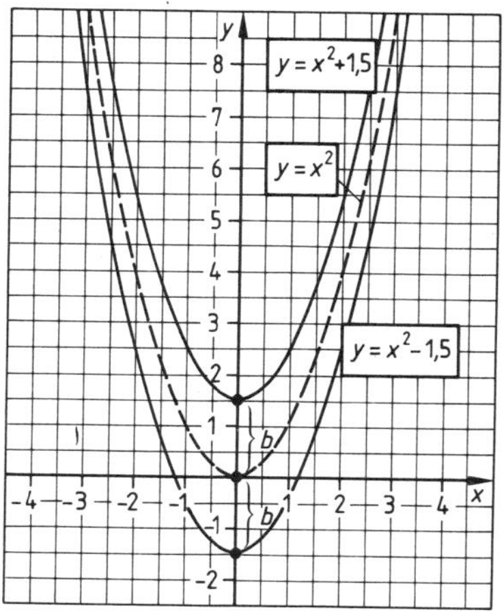

Regel	Erläuterungen, Beispiele
Die Funktion $f: x \mapsto (x+a)^2$ Der Graph der Funktion $f: x \mapsto (x+a)^2$ mit der Funktionsgleichung $y = (x+a)^2; \quad a, x \in \mathbb{R}$ ist eine *Normalparabel*, die um *a gegenüber der Parabel* mit der Gleichung $y = x^2$ *verschoben* ist. Die Verschiebung erfolgt längs der x-Achse. Das Vorzeichen von a bestimmt die Richtung der Verschiebung ($a > 0$ nach links, $a < 0$ nach rechts). Der Scheitelpunkt S hat die Koordinaten $S(-a,b)$.	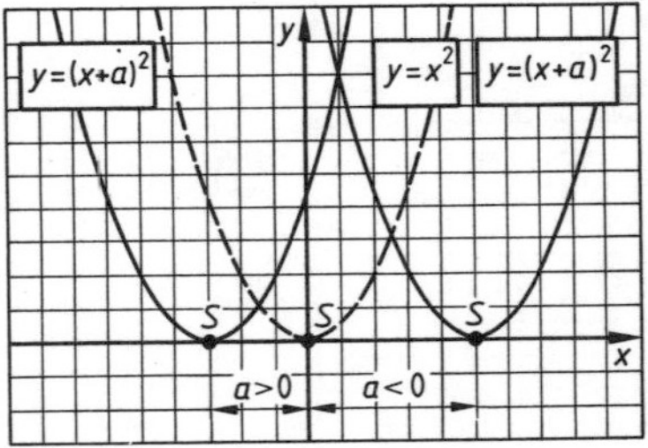

Die Funktion $f: x \mapsto (x+a)^2 + b$

Der Graph der Funktion $f: x \mapsto (x+a)^2 + b$ mit der Funktionsgleichung

$$y = (x+a)^2 + b; \qquad a, b, x \in \mathbb{R}$$

ist eine *Normalparabel*, die um a in Richtung der x-Achse und um b in Richtung der y-Achse verschoben ist. Der Scheitelpunkt S hat die Koordinaten $S(-a,b)$. Die Vorzeichen von a und b in der Funktionsgleichung bestimmen die Richtung der Verschiebung.

$a < 0$:	nach rechts, dann ist	$x_S > 0$
$a > 0$:	nach links, dann ist	$x_S < 0$
$b > 0$:	nach oben, dann ist	$y_S > 0$
$b < 0$:	nach unten, dann ist	$y_S < 0$

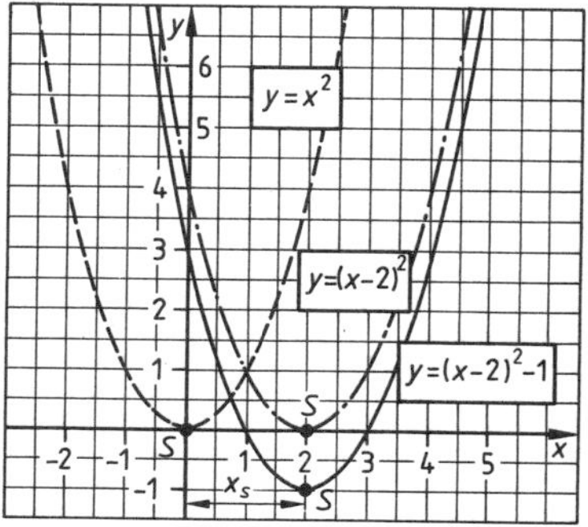

Regel	Erläuterungen, Beispiele
Die Funktion $f: x \mapsto a_2 \cdot x^2 + a_1 \cdot x + a_0$ Der Graph der Funktion $f: x \mapsto a_2 \cdot x^2 + a_1 \cdot x + a_0$ mit der Funktionsgleichung 2. Grades $\boxed{y = a_2 \cdot x^2 + a_1 \cdot x + a_0}$ $a_1, a_2, a_0, x \in \mathbb{R}$; $a_2 \neq 0$ $\boxed{y = a_2 \cdot \left(x + \frac{a_1}{2a_2}\right)^2 + \frac{4a_0 \cdot a_2 - a_1^2}{4a_2}}$ Scheitelgleichung ist eine Parabel mit dem Scheitelpunkt $S\left(-\frac{a_1}{2a_2}, \frac{4a_0 \cdot a_2 - a_1^2}{4a_2}\right)$	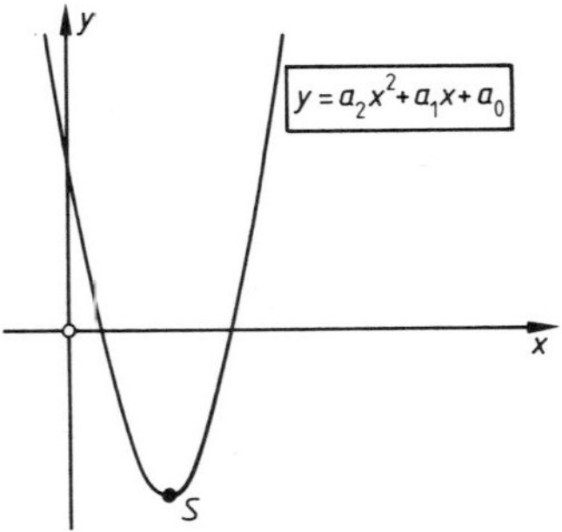

16. Folgen und Reihen

16.1 Grundbegriffe

Folgen

Eine Funktion, deren Definitionsbereich nur aus den natürlichen Zahlen $\mathbb{N}^{>0}$ oder $\mathbb{N}$ besteht, heißt Folge. Folgen sind also spezielle Funktionen, für die besondere Schreibweisen verwendet werden.

Schreibweise von Funktionen:

$f: f(x) = 0{,}25\,x^2;\ D(f) = \mathbb{R}$
▶ Funktion mit dem Definitionsbereich $\mathbb{R}$

f ▶ Name einer Funktion

x ▶ Argumentvariable einer Funktion

$f: x \to f(x);\ f: x \to 0{,}25\,x^2$ ▶ Bildungsvorschrift

$f(x)$ ▶ Funktionswert

$0{,}25\,x^2$ ▶ Funktionsterm der Funktion f

$f(x) = 0{,}25\,x^2$
▶ Funktionsgleichung der Funktion f

$D(f) = \mathbb{R};\ x \in \mathbb{R}$
▶ Definitionsbereich der Funktion f

Graph der Funktion $f: f(x) = 0{,}25\,x^2;\ D(f) = \mathbb{R}$

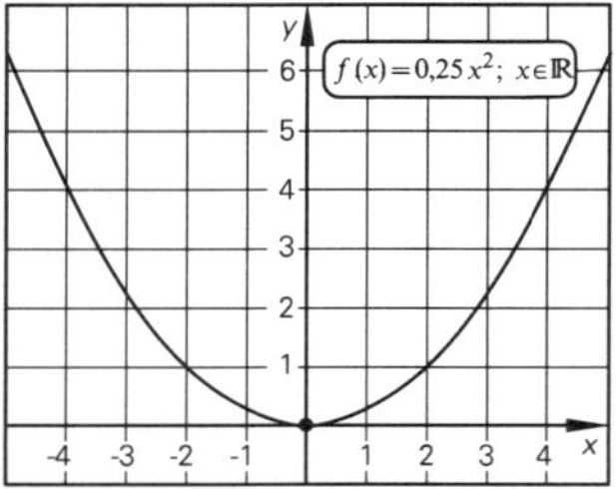

Regel

Schreibweise von Folgen:

$\langle a_n \rangle : a_n = 0{,}25\,n^2;\ n \in \mathbb{N}^{>0}$
▶ Folge mit dem Definitionsbereich $\mathbb{N}^{>0}$

$\langle a_n \rangle$ ▶ Name der Folge

n ▶ Argumentvariable der Folge

$\langle a_n \rangle : n \to a_n;\ \langle a_n \rangle : n \to n^2$ ▶ Bildungsvorschrift

$a_1; a_2; a_3; a_4; \ldots; a_n; \ldots$
▶ Glieder der Folge $\langle a_n \rangle$

a_n ▶ n-tes Glied der Folge $\langle a_n \rangle$

$0{,}25\,n^2$ ▶ Folgenterm

$a_n = 0{,}25\,n^2$ ▶ Gleichung oder Bildungsgesetz

$n \in \mathbb{N}^{>0}$ ▶ Definitionsbereich der Folge

Graph einer Folge:

Da der Definitionsbereich einer Folge durch die Menge der natürlichen Zahlen $\mathbb{N}^{>0}$ oder $\mathbb{N}$ gebildet wird, besteht der Graph einer Folge nur aus einzelnen Punkten.

Erläuterungen, Beispiele

Graph der Folge $\langle a_n \rangle : a_n = 0{,}25\,n^2;\ n \in \mathbb{N}^{>0}$

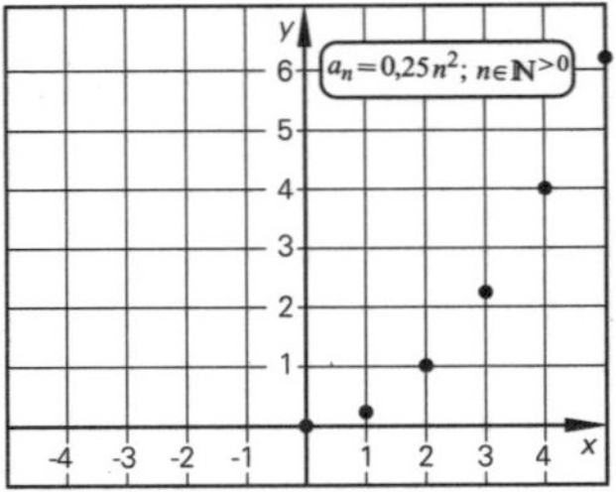

Beispiele für Folgen:

- $a_n = n^2 \Rightarrow \langle a_n \rangle : 1; 4; 9; 16; 25; 36; 49; \ldots$
- $b_n = 2\,n + 1 \Rightarrow \langle b_n \rangle : 3; 5; 7; 9; 11; 13; \ldots$
- $c_n = \dfrac{n^2}{n+1} \Rightarrow \langle c_n \rangle : \dfrac{1}{2}; \dfrac{4}{3}; \dfrac{9}{4}; \dfrac{16}{5}; \dfrac{25}{6}; \dfrac{36}{7}; \ldots$

Man teilt Folgen nach ihren Eigenschaften ein.	
▶ Endliche Folgen:	• $\langle a_n \rangle$: $a_n = \frac{1}{n}$; $n \in \{1; 2; 3; 4; 5\}$
Folgen mit endlich vielen Folgegliedern	$\langle a_n \rangle$: $1; \frac{1}{2}; \frac{1}{3}; \frac{1}{4}; \frac{1}{5}$
▶ Unendliche Folgen:	• $\langle b_n \rangle$: $b_n = \frac{1}{n}$; $n \in \mathbb{N}^{>0}$
Folgen mit unendlich vielen Folgegliedern	$\langle b_n \rangle$: $1, \frac{1}{2}; \frac{1}{3}; \frac{1}{4}; \frac{1}{5}; \frac{1}{6}; \frac{1}{7}; \frac{1}{8}; \ldots$
▶ Alternierende Folgen:	• $\langle c_n \rangle$: $c_n = (-1)^n \cdot n$; $n \in \mathbb{N}^{>0}$
Folgen mit wechselnden Vorzeichen der Glieder ($c_n \cdot c_{n+1} < 0$)	$\langle c_n \rangle$: $-1; 2; -3; 4; -5; 6; -7; 8; \ldots$
▶ Streng monoton steigende Folgen:	• $\langle a_n \rangle$: $a_n = 3n + 1$; $n \in \mathbb{N}^{>0}$
Jedes folgende Glied ist größer als das vorhergehende ($a_{n+1} > a_n$).	$\langle a_n \rangle$: $4; 7; 10; 13; 16; 19; \ldots$
▶ Streng monoton fallende Folgen:	• $\langle b_n \rangle$: $b_n = -5n + 10$; $n \in \mathbb{N}^{>0}$
Jedes folgende Glied ist kleiner als das vorhergehende ($b_{n+1} < b_n$).	$\langle b_n \rangle$: $5; 0; -5; -10; -15; -20; \ldots$
▶ Konstante Folge:	• $\langle a_n \rangle$: $a_n = 5$
Die Glieder der Folge sind konstant.	$\langle a_n \rangle$: $5; 5; 5; 5; 5; \ldots$

Regel	Erläuterungen, Beispiele
Reihen Addiert man die einzelnen Glieder einer Folge $\langle a_n \rangle$, so erhält man die Summen s_1; s_2; s_3; …; s_n; …. Diese Summen werden als n-te Teilsummen oder als n-te Partialsummen bezeichnet.	• $\langle a_n \rangle$: $a_n = n^2 + 3$; $n \in \mathbb{N}^{>0}$ $\Rightarrow \langle a_n \rangle$: 4; 7; 12; 19; … $a_1 = 4$ ▶ $4 = s_1$ ▶ erste Teilsumme $a_1 + a_2 = 4 + 7 = 11$ ▶ $11 = s_2$ ▶ zweite Teilsumme $a_1 + a_2 + a_3 = 4 + 7 + 12 = 23$ ▶ $23 = s_3$ ▶ dritte Teilsumme $a_1 + a_2 + a_3 + a_4 = 4 + 7 + 12 + 19 = 42$ ▶ $42 = s_4$ ▶ vierte Teilsumme $a_1 + a_2 + a_3 + \ldots + a_n = s_n$ ▶ s_n ▶ n-te Teilsumme
Für die Darstellung von Summen benutzt man eine abgekürzte Schreibweise unter Verwendung des Summenzeichens Σ (Sigma). Die Kurzschreibweise sagt aus, dass entsprechend der Summationsvorschrift, also z. B. von $k = 1$ bis $k = n$, in den Funktionsterm a_k einer Folge $\langle a_n \rangle$ alle natürlichen Zahlen von 1 bis n einzusetzen sind und aus den entstehenden Termen eine Summe zu bilden ist. Die Variable k heißt Summationsindex.	• $s_4 = 4 + 7 + 12 + 19 = 42 = \sum_{k=1}^{4} (k^2 + 3)$ ▶ Summe (gelesen: Summe über $k^2 + 3$ von $k = 1$ bis 4) $s_n = a_1 + a_2 + a_3 + \ldots + a_n = \sum_{k=1}^{n} a_k$ ▶ Summe Beispiele: • $\sum_{k=3}^{7} \frac{k-1}{k^2} = \frac{2}{9} + \frac{3}{16} + \frac{4}{25} + \frac{5}{36} + \frac{6}{49} = \underline{\underline{0{,}8311}}$ • $\sum_{k=1}^{n} \frac{k+1}{\sqrt{k}} = 2 + \frac{3}{\sqrt{2}} + \frac{4}{\sqrt{3}} + \frac{5}{\sqrt{4}} + \frac{6}{\sqrt{5}} + \ldots + \frac{n+1}{\sqrt{n}}$

Aus den einzelnen Partialsummen s_1; s_2; s_3; ...; s_n; ... einer Folge $\langle a_n \rangle$ kann man wieder eine Folge bilden, die man als Partialsummenfolge $\langle s_n \rangle$ bezeichnet. Eine solche Folge $\langle s_n \rangle$ heißt unendliche Reihe oder kurz Reihe. Eine Reihe ist demnach eine besondere Folge.

- $\langle a_n \rangle$: a_1; a_2; a_3; a_4; ...; a_n; ...

  $a_1 = s_1$ ▶ erste Teilsumme

  $a_1 + a_2 = s_2$ ▶ zweite Teilsumme

  $a_1 + a_2 + a_3 = s_3$ ▶ dritte Teilsumme

  $a_1 + a_2 + a_3 + a_4 = s_4$ ▶ vierte Teilsumme

  $a_1 + a_2 + a_3 + \ldots + a_n = s_n$ ▶ n-te Teilsumme

  ▶ $\langle s_n \rangle$: a_1; $a_1 + a_2$; $a_1 + a_2 + a_3$; $a_1 + a_2 + a_3 + a_4$; ...

  $\Rightarrow \langle s_n \rangle$: s_1; s_2; s_3; s_4; ...; s_n; ... ▶ Reihe

- $\langle a_n \rangle$: $a_n = 10 - n^2$; $n \in \mathbb{N}^{>0}$

  $\Rightarrow \langle a_n \rangle$: 9; 6; 1; -6; -15; -26; -39; ...

  $s_1 = 9$

  $s_2 = 9 + 6 = 15$

  $s_3 = 9 + 6 + 1 = 16$

  $s_4 = 9 + 6 + 1 + (-6) = 10$

  $s_5 = 9 + 6 + 1 + (-6) + (-15) = -5$

  $\langle s_n \rangle$: 9; 15; 16; 10; -5; -31 ...

  ▶ Partialsummenfolge oder Reihe von $\langle a_n \rangle$

16.2 Arithmetische Folgen und Reihen

Regel	Erläuterungen, Beispiele
Ist bei einer Folge $\langle a_n \rangle$ die Differenz d von zwei aufeinander folgenden Gliedern für alle $n \in \mathbb{N}^{>0}$ konstant, so bezeichnet man sie als arithmetische Folge. $d = a_n - a_{n-1};\ d \in \mathbb{R};\ n \in \mathbb{N}^{>0}$ Bildungsgesetz einer arithmetischen Folge $a_n = a_1 + (n-1) \cdot d$ Formelumstellungen: ▶ $a_1 = a_n - (n-1) \cdot d$ ▶ $d = \frac{a_n - a_1}{n-1}$ ▶ $n = 1 + \frac{a_n - a_1}{d}$	• $\langle a_n \rangle$: 2; 6; 10; 14; … $d = a_n - a_{n-1} = a_2 - a_1 = 6 - 2 = \underline{\underline{4}}$ für $n \in \mathbb{N}^{>0}$ • $\langle a_n \rangle$: 3; 0; −3; −6; −9; … $d = a_n - a_{n-1} = a_2 - a_1 = 0 - 3 = \underline{\underline{-3}}$ für $n \in \mathbb{N}^{>0}$ • $\langle a_n \rangle$: 20; 15; 10; 5; 0; −5; … $d = a_n - a_{n-1} = a_2 - a_1 = 15 - 20 = \underline{\underline{-5}}$ für $n \in \mathbb{N}^{>0}$ • Von einer arithmetischen Folge sind das Glied $a_1 = -10$ und die Differenz $d = 3$ bekannt. Wie groß ist das Glied a_{12}? $a_{12} = a_n - (n-1) \cdot d = -10 + (12-1) \cdot 3 = \underline{\underline{23}}$ • Von einer arithmetischen Folge sind die Glieder $a_1 = 4$ und $a_{20} = -34$ bekannt. Wie lautet das Bildungsgesetz? $d = \frac{a_n - a_1}{n-1} = \frac{-34-4}{20-1} = \frac{-38}{19} = \underline{\underline{-2}}$ $a_n = 4 + (n-1) \cdot (-2) = \underline{\underline{6 - 2n}}$

Addiert man die Glieder einer arithmetischen Folge mit n Gliedern, so erhält man die n-te Partialsumme einer arithmetischen Folge. Diese wird auch arithmetische Reihe genannt.

$$s_n = a_1 + a_2 + a_3 + a_4 + \ldots + a_n$$
$$= a_1 + a_1 + d + a_1 + 2d + a_1 + 3d + \ldots + a_1 + (n-1) \cdot d$$

Summenwert einer arithmetischen Reihe:

$$\boxed{s_n = \frac{n \cdot (a_1 + a_n)}{2}}$$ ▶ $a_n = a_1 + (n-1) \cdot d$

$$\Rightarrow \boxed{s_n = \frac{n}{2} \cdot [2a_1 + (n-1)] \cdot d}$$

Formelumstellungen:

▶ $a_1 = \frac{2 \cdot s_n}{n} - a_n$

▶ $a_n = \frac{2 \cdot s_n}{n} - a_1$

▶ $n = \frac{2 \cdot s_n}{a_1 + a_n}$

▶ $d = \frac{2 \cdot s_n}{n \cdot [2 \cdot a_1 + (n-1)]}$

- $\langle a_n \rangle$: 2; 4; 6; 8; 10; …; $(n-1) \cdot 2$
  ▶ Arithmetische Folge mit n Gliedern, dem Anfangsglied $a_1 = 2$ und der Differenz $d = 2$
- $s_n = 2 + 4 + 6 + 8 + 10 + \ldots + (n-1) \cdot 2$
  ▶ Arithmetische Reihe mit n Gliedern, dem Anfangsglied $a_1 = 2$ und der Differenz $d = 2$
- Welchen Summenwert hat die arithmetische Reihe
  $s_n = 3 + 6 + 9 + 12 + 15 + 18 + 21 + 24 + 27$?
  ▶ $a_1 = 3$; $a_9 = 27$; $n = 9$; $d = 3$
  $$s_n = \frac{n \cdot (a_1 + a_n)}{2} \Rightarrow s_9 = \frac{9 \cdot (3 + 27)}{2} = \frac{270}{2} = \underline{\underline{135}}$$
- Zwischen die Zahlen 2 und 8 einer Reihe sind vier Glieder so einzufügen, dass eine arithmetische Reihe entsteht.
  ▶ $a_1 = 2$; $a_6 = 8$; $n = 6$
  $$d = \frac{a_n - a_1}{n-1} = \frac{8-2}{6-1} = \frac{6}{5} = \underline{\underline{1{,}2}}$$
  $$s_n = a_1 + a_1 + d + a_1 + 2d + a_1 + 3d + \ldots + a_1 + (n-1) \cdot d$$
  $$s_6 = 2 + 3{,}2 + 4{,}4 + 5{,}6 + 6{,}8 + 8 = \underline{\underline{30}}$$

16.3 Geometrische Folgen und Reihen

Regel	Erläuterungen, Beispiele
Ist bei einer Folge $\langle a_n \rangle$ der Quotient q von zwei benachbarten Gliedern für alle $n \in \mathbb{N}^{>0}$ konstant, so bezeichnet man sie als geometrische Folge. $q = \frac{a_n}{a_{n-1}}$; $q \in \mathbb{R}^{\neq 0}$; $n \in \mathbb{N}^{>0}$	• $\langle a_n \rangle$: 2; 4; 8; 16; 32; … ▶ $a_1 = 2$; $q = \frac{a_3}{a_2} = \frac{8}{4} = \underline{\underline{2}}$; $n \in \mathbb{N}^{>0}$ • $\langle a_n \rangle$: 1; $\frac{1}{2}$; $\frac{1}{4}$; $\frac{1}{8}$; $\frac{1}{16}$; $\frac{1}{32}$; … ▶ $a_1 = 1$; $q = \frac{a_4}{a_3} = \frac{4}{8} = \underline{\underline{\frac{1}{2}}}$; $n \in \mathbb{N}^{>0}$
Bildungsgesetz einer geometrischen Folge $a_n = a_1 \cdot q^{n-1}$, $a_1 \neq 0$; $q \neq 0$; $n \in \mathbb{N}^{>0}$ a_1 ▶ Anfangsglied der geometrischen Folge q ▶ Quotient der geometrischen Folge n ▶ Anzahl der Folgeglieder	• $\langle a_n \rangle$: −3; 9; −27; 81; −243; … ▶ $a_1 = -3$; $q = \frac{a_2}{a_1} = \frac{9}{-3} = \underline{\underline{-3}}$; $n \in \mathbb{N}^{>0}$
Formelumstellungen: ▶ $a_1 = \frac{a_n}{q^{n-1}}$ ▶ $q = \sqrt[n-1]{\frac{a_n}{a_1}}$ ▶ $n = 1 + \frac{\ln \frac{a_n}{a_1}}{\ln \lvert q \rvert}$	• Von einer geometrischen Folge sind $a_n = 486$; $q = 3$ und $n = 5$ bekannt. Wie lautet die Folge? $a_1 = \frac{a_n}{q^{n-1}} = \frac{486}{3^4} = \frac{486}{81} = \underline{\underline{6}}$; $a_2 = a_1 \cdot q^{n-1} = 6 \cdot 3^{3-2} = \underline{\underline{18}}$; $\langle a_n \rangle$: 6; 18; 54; 162; 486

Einteilung von geometrischen Folgen $a_n = a_1 \cdot q^{n-1}$; $a_1 \neq 0$; $q \neq 0$; $n \in \mathbb{N}^{>0}$	
▶ $q > 1$: Streng monoton steigende Folge	• $a_1 = 3$ und $q = \frac{3}{2}$ $\langle a_n \rangle$: 3; $\frac{9}{2}$; $\frac{27}{4}$; $\frac{81}{8}$; $\frac{243}{16}$; …
▶ $0 < q < 1$: Streng monoton fallende Folge	• $a_1 = 3$ und $q = \frac{1}{2}$ $\langle a_n \rangle$: 3; $\frac{3}{2}$; $\frac{3}{4}$; $\frac{3}{8}$; $\frac{3}{16}$; $\frac{3}{32}$; $\frac{3}{64}$; …
▶ $q = 1$: Konstante Folge	• $a_1 = 3$ und $q = 1$ $\langle a_n \rangle$: 3; 3; 3; 3; 3; …
▶ $q < 0$: Alternierende Folge	• $a_1 = 3$ und $q = -2$ $\langle a_n \rangle$: 3; −6; 12; −24; 48; …
▶ $\lvert q \rvert < 1$: Nullfolge ▶ Mit größer werdendem Wert für n streben die Glieder der Folge gegen Null.	• $a_1 = 3$ und $q = \frac{2}{3}$ $\langle a_n \rangle$: 3, 2; $\frac{4}{3}$; $\frac{8}{9}$; $\frac{16}{27}$; $\frac{32}{81}$; … $\langle a_n \rangle$: 3; 2; 1,333; 0,888; 0,593; 0,395; … • $a_1 = 3$ und $q = 0{,}1$ $\langle a_n \rangle$: 3; 0,3; 0,03; 0,003; 0,0003; 0,00003; …

Regel	Erläuterungen, Beispiele
Addiert man die ersten *n* Glieder einer geometrischen Folge, so erhält man die *n*-te Partialsumme einer geometrischen Folge. Diese wird auch geometrische Reihe genannt. $s_n = a_1 + a_2 + a_3 + \ldots + a_n = \sum_{k=1}^{n} (a_1 \cdot q^{k-1}); n \in \mathbb{N}^{>0}$ $\boxed{s_n = a_1 \cdot \frac{q^n - 1}{q - 1}; q \neq 1; n \in \mathbb{N}^{>0}}$ $\boxed{s_n = \frac{a_1 \cdot q^n - a_1}{q - 1}; q \neq 1; n \in \mathbb{N}^{>0}}$ $\boxed{s_n = a_1 \cdot \frac{1 - q^n}{1 - q}; q \neq 1; n \in \mathbb{N}^{>0}}$ Formelumstellung: ► $a_1 = s_n \cdot \frac{q - 1}{q^n - 1}$	• Berechnen Sie für die geometrische Folge $\langle a_n \rangle$: 1; 2; 4; 8; 16; 32; 64; 128; 256 die Summe ihrer Glieder. $a_1 = 1; q = \frac{a_4}{a_3} = \frac{8}{4} = \underline{\underline{2}}; n = 9$ $s_9 = a_1 \cdot \frac{q^n - 1}{q - 1} = 1 \cdot \frac{2^9 - 1}{2 - 1} = \frac{512}{1} = \underline{\underline{511}}$ • Zwischen die Zahlen 3 und $\frac{256}{27}$ einer Folge sollen vier weitere Zahlen so eingefügt werden, dass eine geometrische Folge entsteht. Wie lauten die ersten sieben Glieder der Folge, wenn $a_1 = 3$ und $a_6 = \frac{1024}{81}$ ist. $q = \sqrt[n-1]{\frac{a_n}{a_1}} = \sqrt[5]{\frac{\frac{1024}{81}}{3}} = \sqrt[5]{\frac{1024}{243}} = \underline{\underline{\frac{4}{3}}}$ $a_n = a_1 \cdot q^{n-1} \Rightarrow a_7 = a_1 \cdot q^{7-1} = 3 \cdot \left(\frac{4}{3}\right)^6 = \underline{\underline{\frac{4096}{243}}}$

$\langle a_n \rangle$: 3; 4; $\frac{16}{3}$; $\frac{64}{9}$; $\frac{256}{27}$; $\frac{1024}{81}$; $\frac{4096}{243}$; ...

- Von einer geometrischen Folge sind $a_1 = 27$ und $a_{10} = \frac{1}{729}$ bekannt. Bestimmen Sie die Glieder der Folge und berechnen Sie ihren Summenwert s_{10}.

$$q = \sqrt[n-1]{\frac{a_n}{a_1}} \blacktriangleright n = 10;\ a_1 = 27;\ a_{10} = \frac{1}{729}$$

$$q = \sqrt[10-1]{\frac{\frac{1}{729}}{27}} = \sqrt[9]{\frac{1}{19683}} = \underline{\underline{\frac{1}{3}}}$$

$\langle a_n \rangle$: 27; 9; 3; 1; $\frac{1}{3}$; $\frac{1}{9}$; $\frac{1}{27}$; $\frac{1}{81}$; $\frac{1}{243}$; $\frac{1}{729}$

$$s_{10} = a_1 \cdot \frac{1-q^n}{1-q} \blacktriangleright a_1 = 27;\ q = \frac{1}{3};\ n = 10$$

$$= 27 \cdot \frac{1-\left(\frac{1}{3}\right)^{10}}{1-\frac{1}{3}} = 27 \cdot \frac{3}{2} \cdot \left[1-\left(\frac{1}{3}\right)^{10}\right]$$

$$= \underline{\underline{40{,}5}}$$